APRENDE A <PROGRAMAR>

CREA TU PROPIO SITIO WEB

<CODERDOJO>

Este libro sobre programación puede ayudarte a dar los primeros pasos en el camino hacia convertirte en un buen programador. Si siempre te ha gustado programar, puede que hayas oído hablar de CoderDojo.

CoderDojo es un club de programación para gente joven en el que puedes conocer a otros programadores, aprender cosas nuevas y divertirte con los ordenadores. Es gratuito y colaborativo, y, si tienes suerte, quizá haya algún Dojo cerca de ti. ¿Has hecho ya algo de programación? ¿Quizá no...? ¿Tal vez simplemente quieres aprender más sobre el tema?

Si todo esto es nuevo para ti, no te preocupes: es muy fácil poner en marcha un mini-Dojo, o Dojo Nano.

Éstos son los ingredientes necesarios:

- **Uno o varios amigos**
- **Un ordenador**
- **Este libro**

¿QUÉ ES UN DOJO NANO?

¿Qué puedes hacer en un Dojo Nano? Básicamente, cualquier cosa que te guste relacionada con la programación. En este libro vas a conocer a los Nanonautas, que han puesto en marcha su propio Dojo Nano, donde aprenderán a crear un sitio web para su banda. Para hacerlo van a utilizar HTML, CSS y JavaScript. ¡Tú también aprenderás a hacer tu propio sitio!

IDEAS + AMIGOS + PROGRAMAR = DOJO NANO

Para empezar, con ayuda de este libro vas a crear un sitio web para tu Dojo Nano, y puede que un par más para algún amigo. Es fácil y divertido, ¡y este libro será tu guía! Puedes seguir el proceso de creación del sitio en http://nano.tips y saber más sobre CoderDojo en http://nanotips.es.

<LOS NANONAUTAS>

Holly, Dervla, Daniel y Sam forman parte del grupo de música los Nanonautas. Holly toca la guitarra; Dervla, el piano; Daniel es el cantante, y Sam toca el bajo. Ya han dado varios conciertos y creen que sería buena idea crear un sitio web para que todo el mundo conozca su música.

En cuanto se ponen a hablar del tema, a los Nanonautas se les ocurren un montón de ideas para su sitio web:

- *Anunciar cuándo tendrán lugar sus próximos conciertos.*
- *Hacer publicidad de su CD y de su camiseta.*
- *Enlazar a vídeos de YouTube.*
- *Dar consejos sobre la compra de instrumentos y su cuidado.*
- *Ofrecer recomendaciones para ensayar sin volver locos a los vecinos.*

Y todas estas ideas las han plasmado en un **mapa del sitio**:

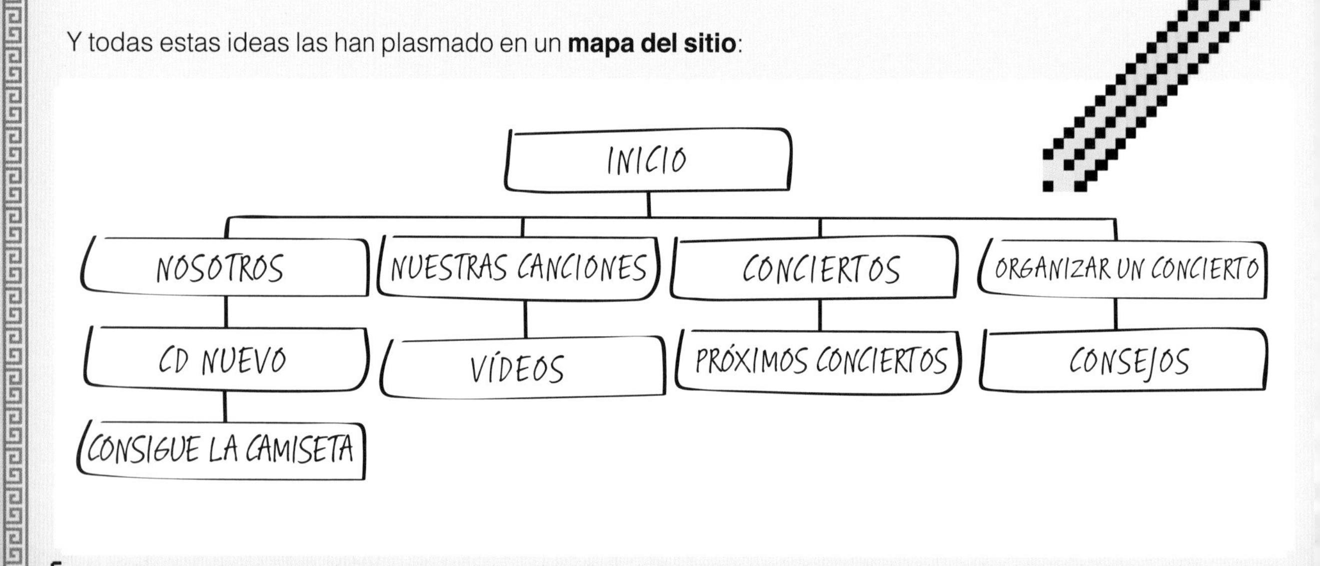

En este libro vamos a crear el sitio de los Nanonautas a partir del mapa que han elaborado. Si quieres, puedes seguir los ejemplos y crear una página sobre ellos. Pero si tienes tu propia banda, o si prefieres que tu sitio sea de cualquier otra cosa, ¡adelante! Sumérgete en la programación y que no te dé miedo experimentar. Si algo no te sale a la primera, no desesperes: revisa el código tranquilamente e intenta averiguar qué falla, algo que los programadores llaman *depurar*.

¡Sigue leyendo para saber cómo transformar el mapa del sitio de Holly en un sitio de verdad!

QUÉ HACER DESPUÉS

Esboza un mapa para el sitio que vas a crear. Aquí tienes algunas ideas por si no quieres hacerlo de los Nanonautas:

- Tus mascotas
- Tus videojuegos favoritos
- Tus amigos del colegio
- Tus aficiones
- Cosas que hacer en tu ciudad

CONSEJO

Todas las páginas que vas a crear con ayuda de este libro están en línea. Puedes trabajar al mismo tiempo que los Nanonautas y copiar su código para ahorrar tiempo. Para saber más, ve a http://nanotips.es/ejemplos.

<NOSOTROS> CREA TU PRIMERA PÁGINA WEB

¡Manos a la obra! Éste sería el código para una página sencilla:

1. Escribe este código en un **editor de texto plano**, como Bloc de notas (Windows) o GEdit (Ubuntu), o en un **editor de código**, como Brackets, Notepad++ o Atom. Si no sabes cómo hacerlo, ve a http://nanotips.es/texto.

```
<!DOCTYPE html>
<html>
<head>
<title>Nosotros</title>
</head>
<body>
<h1>Nosotros</h1>
<p>Somos los Nanonautas:</p>
<p>Holly, Dervla, Daniel y Sam.</p>
</body>
</html>
```

indice.html - atom://.atom/stylesheet

hojaestilo

indice.html

```
1   <!DOCTYPE html>
2   <html>
3   <head>
4   <title>Nosotros</title>
5   </head>
6   <body>
7   <h1>Nosotros</h1>
8   <p>Somos los Nanonautas:</p>
9   <p>Holly, Dervla, Daniel y Sam.</p>
10  </body>
11  </html>
12
```

/Escritorio/indice.html

LF UTF-8 HTML

CONSEJO

No utilices procesadores de textos como Microsoft Word o LibreOffice para editar las páginas.

CONSEJO

nosotros.html es el **nombre del archivo** de la página. La parte **.html** es la **extensión del archivo**. Esto le dice a los diferentes programas de tu ordenador que **nosotros.html** es una página web.

A veces, en Windows, las extensiones de los archivos están ocultas, por lo que sólo se ve **nosotros**, y no **nosotros.html**. Esto puede ser confuso, así que asegúrate de que sean visibles. Si no sabes cómo hacerlo, ve a http://nanotips.es/archivos.

2. Ahora, crea una carpeta en tu ordenador llamada **nanonautas** y guarda el código con el nombre **nosotros.html**.

nanonautas

└── **nosotros.html**

3. El código le indica a un **navegador web**, como Chrome o Firefox, lo que hay en la página web. Este tipo de código se conoce como **HTML**, siglas de *hypertext markup language* (lenguaje de marcado de hipertexto).

Vamos a abrir el archivo en el navegador: en vez del código, verás la página web como se supone que debe verse. Por lo general, basta con hacer clic o doble clic en el archivo. Si no lo consigues, ve a http://nanotips.es/abrir.

Nosotros

Somos los Nanonautas:

Holly, Dervla, Daniel y Sam.

¡EDÍTALO!

4. Ahora tienes el mismo archivo abierto en el navegador y en el editor. Acomoda las ventanas de forma que veas ambas cosas a la vez.

En el editor, sustituye los nombres por los de tus amigos y el tuyo. También puedes cambiar el de la banda. De esta forma, en vez de «Holly, Dervla, Daniel y Sam» pondrá «Anna, Ali, Zeke y Zoe». Para sustituir el texto, haz clic en el editor y escribe el nuevo. No cambies las **etiquetas** —lo que hay entre los símbolos de **menor que** y **mayor que**, como `<h1>` y `<p>`—, sólo lo que hay dentro.

CONSEJO

Cuando crees un sitio web, necesitarás dos programas diferentes:

- Un editor de texto plano o uno de código, para escribir el código de la página.
- Un navegador web, para visualizar el resultado.

Al principio puede parecer confuso, ¡pero enseguida te acostumbrarás!

<AÑADIR UNA HOJA DE ESTILO>

Ahora vamos a cambiar el aspecto de la página. Para ello crearemos una **hoja de estilo**. Ésta indica el aspecto que debería tener la página. ¿Debería el fondo ser blanco, azul o verde? ¿Tiene el texto el tamaño adecuado? ¿Cambian de color los enlaces cuando se pasa el puntero por encima?

La hoja de estilo es el lugar donde se almacena esta información, y se guarda separada del archivo **.html** para poder cambiar el esquema de colores de la página sin necesidad de modificar el código HTML.

1. La hoja de estilo estará en un archivo nuevo llamado **hoja-estilo.css**. Observa que su extensión es **.css**, no **.html**. (En este libro, las hojas de estilo son naranjas para que sea más fácil ubicarlas.) Para tenerlo todo ordenado, guardamos la hoja de estilo en una carpeta propia a la que llamaremos **css** y que estará dentro de la carpeta **nanonautas**.

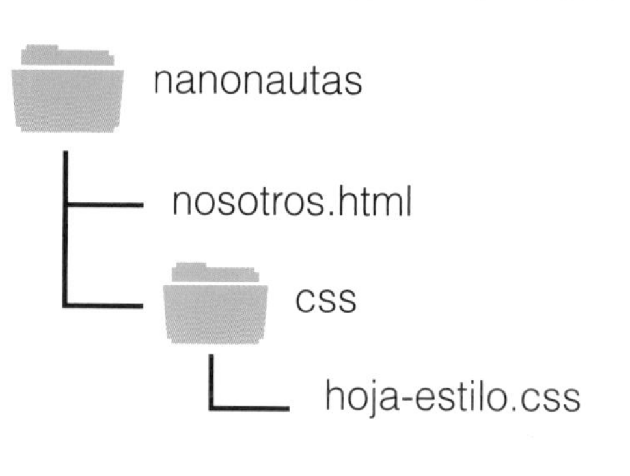

2. Escribe el código de la caja naranja y guárdalo como **hoja-estilo.css** en la carpeta **css**.

```
body {
font-family: sans-serif;
}
```

3. Tienes que añadir una línea extra en el HTML (abajo, en negrita) para vincular la hoja de estilo a la página web.

4. Esta línea vincula la página web a la hoja de estilo **hoja-estilo.css**.

Ésta se encuentra en la carpeta **css** (¡a eso se refiere **css/hoja-estilo.css**!). Se trata de la hoja de estilo que acabas de crear.

```
<!DOCTYPE html>
<html>
<head>
<title>Nosotros</title>
<link type="text/css" rel="stylesheet"
href="css/hoja-estilo.css"/>
</head>
<body>
<h1>Nosotros</h1>
<p>Somos los Nanonautas:</p>
<p>Holly, Dervla, Daniel y Sam.</p>
</body>
</html>
```

Para ver el resultado, tienes que volver a cargar la página, y para eso hay que hacer clic en el símbolo «Actualizar» que hay en la barra de herramientas.

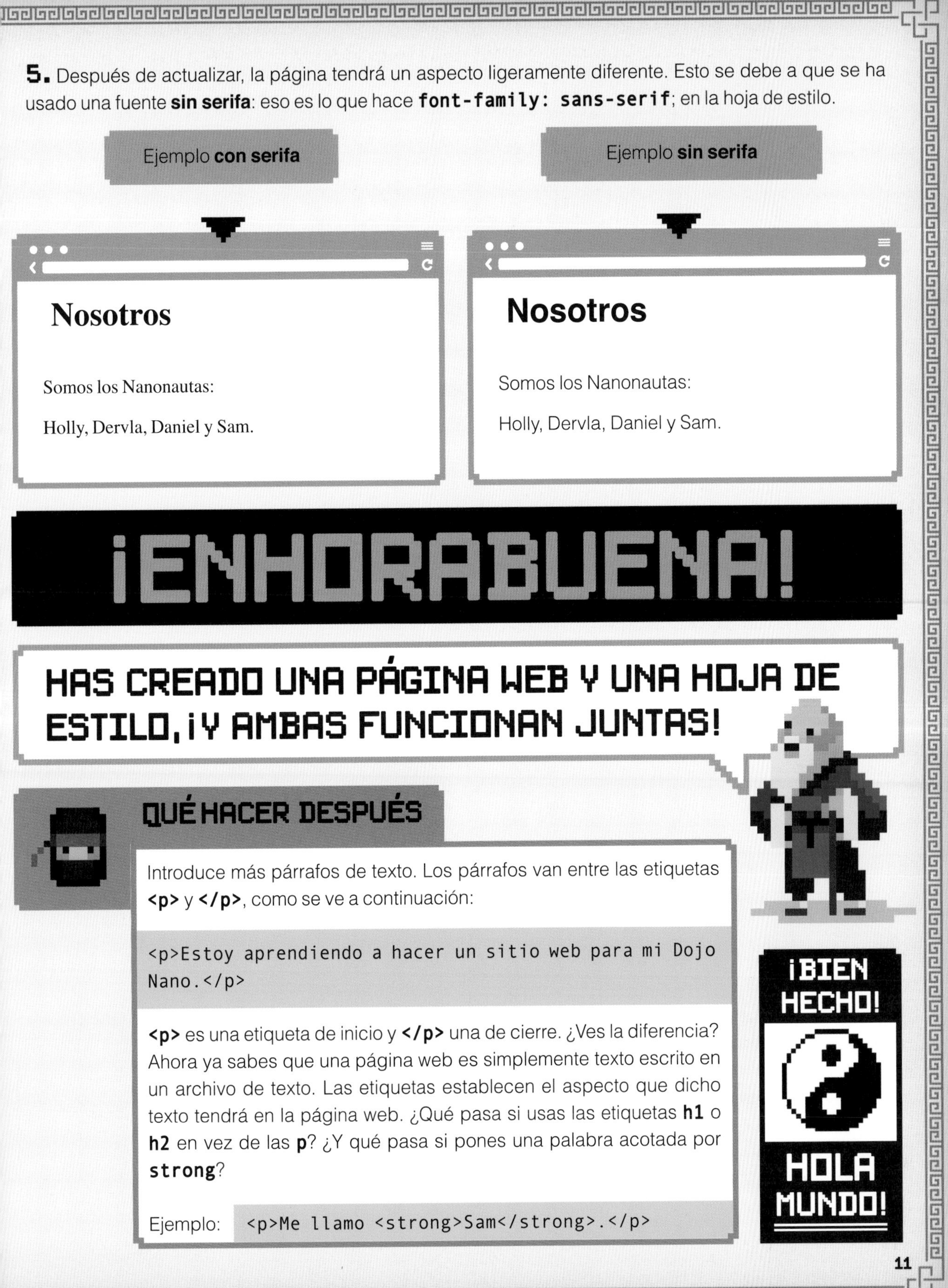

5. Después de actualizar, la página tendrá un aspecto ligeramente diferente. Esto se debe a que se ha usado una fuente **sin serifa**: eso es lo que hace `font-family: sans-serif;` en la hoja de estilo.

Ejemplo **con serifa**
Nosotros
Somos los Nanonautas:
Holly, Dervla, Daniel y Sam.
Ejemplo **sin serifa**
Nosotros
Somos los Nanonautas:
Holly, Dervla, Daniel y Sam.

¡ENHORABUENA!

HAS CREADO UNA PÁGINA WEB Y UNA HOJA DE ESTILO, ¡Y AMBAS FUNCIONAN JUNTAS!

QUÉ HACER DESPUÉS

Introduce más párrafos de texto. Los párrafos van entre las etiquetas `<p>` y `</p>`, como se ve a continuación:

```
<p>Estoy aprendiendo a hacer un sitio web para mi Dojo Nano.</p>
```

`<p>` es una etiqueta de inicio y `</p>` una de cierre. ¿Ves la diferencia? Ahora ya sabes que una página web es simplemente texto escrito en un archivo de texto. Las etiquetas establecen el aspecto que dicho texto tendrá en la página web. ¿Qué pasa si usas las etiquetas **h1** o **h2** en vez de las **p**? ¿Y qué pasa si pones una palabra acotada por **strong**?

Ejemplo:
```
<p>Me llamo <strong>Sam</strong>.</p>
```

¡BIEN HECHO!
HOLA MUNDO!

VOCABULARIO

Editor de código. Programa que te permite editar el código HTML de una página web. No hace falta usar un editor determinado —el Bloc de notas valdría—, pero los editores de código facilitan la tarea, porque colorean las marcas de HTML, entre otras útiles funciones.

Editar. Cuando haces cambios en una página web, la editas.

Archivo. Cada vez que guardas algo en tu ordenador o en Internet, se almacena como un archivo. Éste puede contener cualquier tipo de información: páginas web, imágenes, canciones, documentos PDF... ¡Lo que sea! Pero los programadores llaman a todas estas cosas *archivos*.

Nombre de archivo. Los archivos siempre tienen un nombre. En el caso de la página «Nosotros», el nombre es **nosotros.html**. Normalmente, los nombres de archivo terminan con un punto seguido de tres o cuatro letras (como **.jpg**, **.pdf** o **.html**). Esto es la **extensión del archivo** y le dice al ordenador de qué tipo es. Por ejemplo, un archivo que termina en **.jpg** es un archivo de imagen.

Carpeta. Cuando guardas un archivo, éste se almacena en una carpeta: una ubicación de almacenamiento determinada dentro de un equipo. Las carpetas pueden contener otras carpetas. Para llegar a ellas hace falta su **ruta**. Por ejemplo, **C:/nanonautas/imagenes** muestra la ruta a la carpeta **imágenes** que hay en la carpeta **nanonautas** de la unidad **C:** del ordenador.

Etiquetas. Son marcadores especiales usados en la programación en HTML, y están acotados por los símbolos de menor que y mayor que, como en estos ejemplos: **<p>**, **</p>**, **<h1>**, **</h1>** o **
**.

Navegador web. Programas que te permiten navegar por Internet, como Chrome, Firefox, Internet Explorer, Opera o Safari, entre otros. Para poder ver una página web hay que tener un navegador.

CONSEJO

Algunos procesadores de texto convierten las comillas rectas ("...") en comillas tipográficas (“...”) automáticamente. Si esto pasa, ¡el código fallará! Usa siempre un editor de texto plano.

EN NUESTRA WEB

Si quieres saber más sobre los editores de código, ve a http://nanotips.es/codigo.

<RETRATO DE LOS NANONAUTAS>

AÑADIR UNA IMAGEN A LA PÁGINA

La página «Nosotros» ofrece una descripción de la banda, pero estaría bien que además hubiera alguna foto. Para poder mostrar una imagen hay que decirle al navegador dónde encontrarla, y para saber dónde buscar, el navegador necesita **1)** el nombre de la carpeta en la que está la foto y **2)** el nombre del archivo de la imagen. Pongamos que tienes una imagen llamada **`nanonautas.jpg`**.

Puedes añadir una imagen a la página incluyendo esta línea de código:

```
<p><img src="imagenes/nanonautas.jpg"
alt="Imagen de los Nanonautas"/></p>
```

Éste es el aspecto del código modificado:

```
<!DOCTYPE html>
<html>
<head>
<title>Nosotros</title>
<link type="text/css" rel="stylesheet"
href="css/hoja-estilo.css"/>
</head>
<body>
<h1>Nosotros</h1>
<p><img
src="imagenes/nanonautas.jpg"
alt="Imagen de los Nanonautas"/></p>
<p>Somos los Nanonautas:</p>
<p>Holly, Dervla, Daniel y Sam.</p>
</body>
</html>
```

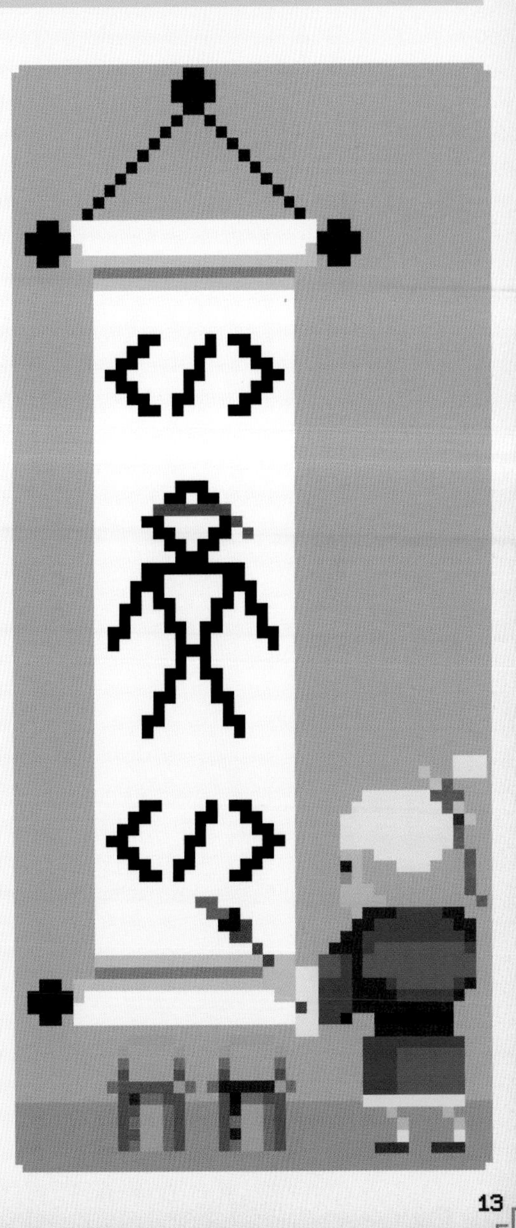
</>
</>

Después de guardar el cambio y actualizar en el navegador, su aspecto es éste:

Nosotros
Somos los Nanonautas:
Holly, Dervla, Daniel y Sam.

Observa el código más detenidamente:

```
<p><img src="imagenes/nanonautas.jpg" alt="Imagen de los Nanonautas"/></p>
```

La parte realmente importante aquí es **src="imagenes/nanonautas.jpg".**

Esto le dice al navegador que busque en **imagenes** un archivo con el nombre **nanonautas.jpg**. El navegador busca la carpeta **imagenes** en el mismo lugar en el que está guardada la página web. Por lo tanto, si te fijas en los archivos de la carpeta **nanonautas**, además del archivo **nosotros.html**, verás la carpeta **imagenes**, en cuyo interior está el archivo **nanonautas.jpg**.

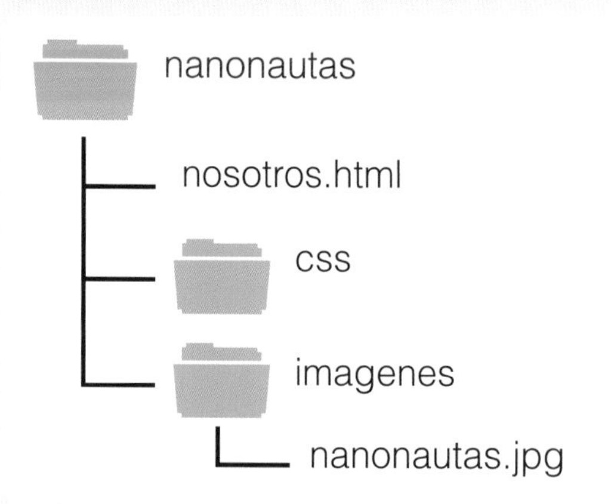

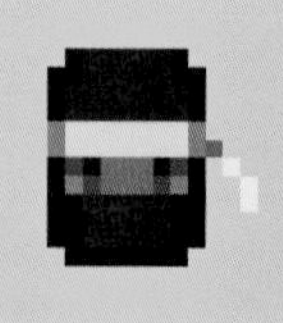

CONSEJO

Si el archivo **nanonautas.jpg** no estuviera en la carpeta **imagenes**, el navegador mostraría un símbolo similar a éste:

src="imagenes/nanonautas.jpg" es un **atributo**. Los atributos siempre siguen el mismo patrón: el nombre del atributo seguido de un signo igual sin espacios más un valor del atributo, todo acotado por comillas rectas. Por ejemplo:

Nombre del atributo	Signo igual	Comillas rectas de apertura	Valor del atributo	Comillas rectas de cierre
src	=	"	imagenes/nanonautas.jpg	"

De la misma forma, el atributo **alt** contiene un texto que aparece si no se puede visualizar la imagen. Esto es útil, por ejemplo, cuando se adapta una página para personas ciegas.

Ahora que ya sabes cómo añadir una imagen, añade una a tu página **nosotros.html**. Para ello, copia la imagen en la carpeta **imagenes** y agrega el código que hará que se visualice. Por ejemplo, si la imagen procediera de una cámara digital y se llamara **DSC03730.jpg**, podrías agregar el siguiente código:

```
<p><img src="imagenes/DSC03730.jpg"
alt="Holly tocando la guitarra"/></p>
```

QUÉ HACER DESPUÉS

Añade alguna foto tuya a la página. ¡Puedes hacerte unos selfis!

VOCABULARIO

Atributo. A veces, las etiquetas contienen información extra dentro de los atributos. En el siguiente ejemplo de una etiqueta **img** se pueden ver dos atributos: **src** y **alt**.

```
<img src="imagenes/DSC03730.jpg" alt="Holly tocando la guitarra"/>
```

Los **atributos** están siempre formados por el nombre del atributo (como **src** o **alt**) seguido de un signo igual y del valor del atributo, todo entre comillas rectas: **"imagenes/DSC03730.jpg"**.

El atributo **src** (source 'fuente') le dice al navegador dónde buscar la imagen. El atributo **alt** (alternative 'alternativa') contiene el texto que aparecerá si no se puede visualizar, o si un lector de pantalla lo lee en voz alta.

Elemento. Cualquier cosa que haya entre una etiqueta de inicio y otra de cierre del mismo tipo. Así, un elemento **li** es todo aquello que hay entre una etiqueta **<li>** de inicio y una etiqueta **</li>** de cierre.

Elemento vacío. Algunos elementos no tienen etiquetas de inicio y de cierre independientes, y por eso se llaman **elementos vacíos**. Éstos son algunos ejemplos:

img: elemento de imagen
br: elemento de salto de línea

En lugar de tener una etiqueta de cierre independiente, sólo tienen una etiqueta con una barra diagonal antes del mayor que.

```
<img src="imagenes/DSC03730.JPG"
lt="Holly tocando un acorde G en la
guitarra"/> <br/>
```

EN NUESTRA WEB

Añadir imágenes a una página: http://nanotips.es/imagenes. Cambiar tamaño de imagen: http://nanotips.es/ajustar

<CREAR EL SITIO WEB>

AÑADIR PÁGINAS NUEVAS

Ahora, los Nanonautas quieren crear otra página en la que aparezcan las canciones que tocan. La forma más fácil de crear una página nueva es copiar una que ya existe y modificarla.

Abre el archivo **nosotros.html** y, a continuación, ve al menú **Archivo** y selecciona la opción **Guardar como**. Llámalo **canciones.html**. Observa que el nuevo archivo se suma a la lista de archivos de la carpeta **nanonautas**. Ahora tienes una página nueva llamada **canciones.html**. Pero, de momento, contiene lo mismo que la página **nosotros.html**. Tienes que editar el texto para crear la lista de canciones. Utiliza el ejemplo que hay a continuación para pensar en ideas. ¡Puedes añadir tus canciones preferidas!

```
<!DOCTYPE html>
<html>
<head>
<title>Nuestras canciones</title>
<link type="text/css" rel="stylesheet" href="css/hoja-estilo.css"/>
</head>
<body>
<h1>Nuestras canciones</h1>
<p>Ésta es una lista de las canciones que tocamos:</p>
<ul>
<li>Código partío</li>
<li>Entre dos enlaces</li>
<li>19 líneas y 500 declaraciones</li>
<li>Hoy no me puedo reiniciar</li>
<li>Programador bandido</li>
<li>La vereda del puerto de atrás</li>
</ul>
</body>
</html>
```

Después de editar la página, guárdala y abre el archivo en el navegador web.

CONSEJO

Siempre que guardes un archivo en el editor, vuelve a cargar la página web en el navegador para ver el resultado. No lo olvides: **¡guardar y actualizar!**

Cuando visualices la página en el navegador, tendrá este aspecto:

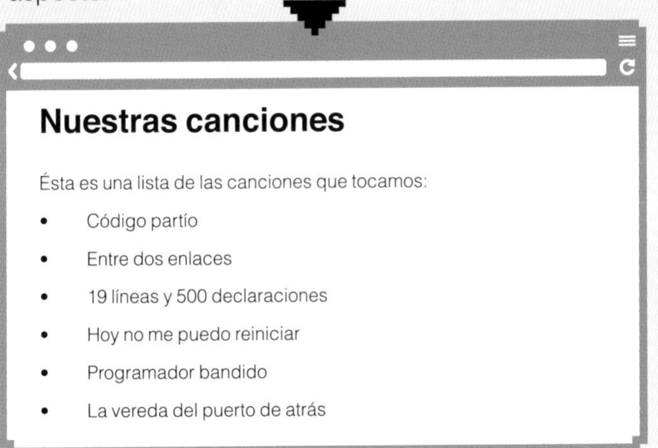
Nuestras canciones
Ésta es una lista de las canciones que tocamos:
Código partío
Entre dos enlaces
19 líneas y 500 declaraciones
Hoy no me puedo reiniciar
Programador bandido
La vereda del puerto de atrás

Las canciones se muestran en una **lista con viñetas**. A continuación se muestra el código de la lista (después lo estudiaremos con más detalle).

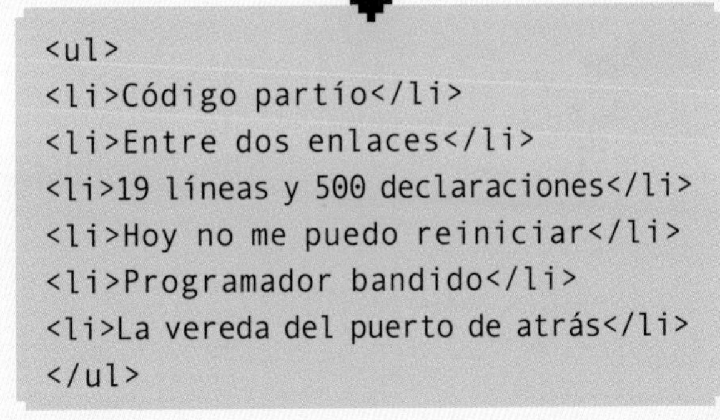

```
<ul>
<li>Código partío</li>
<li>Entre dos enlaces</li>
<li>19 líneas y 500 declaraciones</li>
<li>Hoy no me puedo reiniciar</li>
<li>Programador bandido</li>
<li>La vereda del puerto de atrás</li>
</ul>
```

Todas las canciones de la lista están entre elementos `li`. Un **elemento** es cualquier cosa acotada por una etiqueta de inicio y otra de cierre del mismo tipo. Así, un elemento li es todo lo que hay entre una etiqueta **`<li>`** de inicio y una etiqueta **`</li>`** de cierre. Observa que todos los elementos li están dentro de un único elemento **`ul`**. ¿Ves la etiqueta de inicio **`<ul>`** antes de la primera canción...

```
<ul>
<li>Código partío</li>
```

... y la etiqueta de cierre **`</ul>`** al final?

```
<li>La vereda del puerto de atrás</li>
</ul>
```

CONSEJO

Mientras trabajas en la página, recuerda guardar cada cierto tiempo. ¡Así evitarás perder el trabajo hecho si te quedas sin batería de repente!

QUÉ HACER DESPUÉS

¿Qué ocurre si pones los elementos **`li`** dentro de un elemento **`ol`** en lugar de un **`ul`**?

Averigua lo siguiente:

- Dónde comienza y termina el elemento **`h1`**.
- Dónde comienza y termina el elemento **body**.
- Dónde comienza y termina el elemento **`html`**.

El elemento **`img`** es un **elemento vacío**: no tiene etiquetas de inicio ni de cierre independientes. ¿Ves algún otro elemento vacío?

Crea una página llamada «Conciertos», cuyo nombre de archivo sea **`conciertos.html`**. En ella se mostrarán la fecha y hora de los próximos conciertos de los Nanonautas.

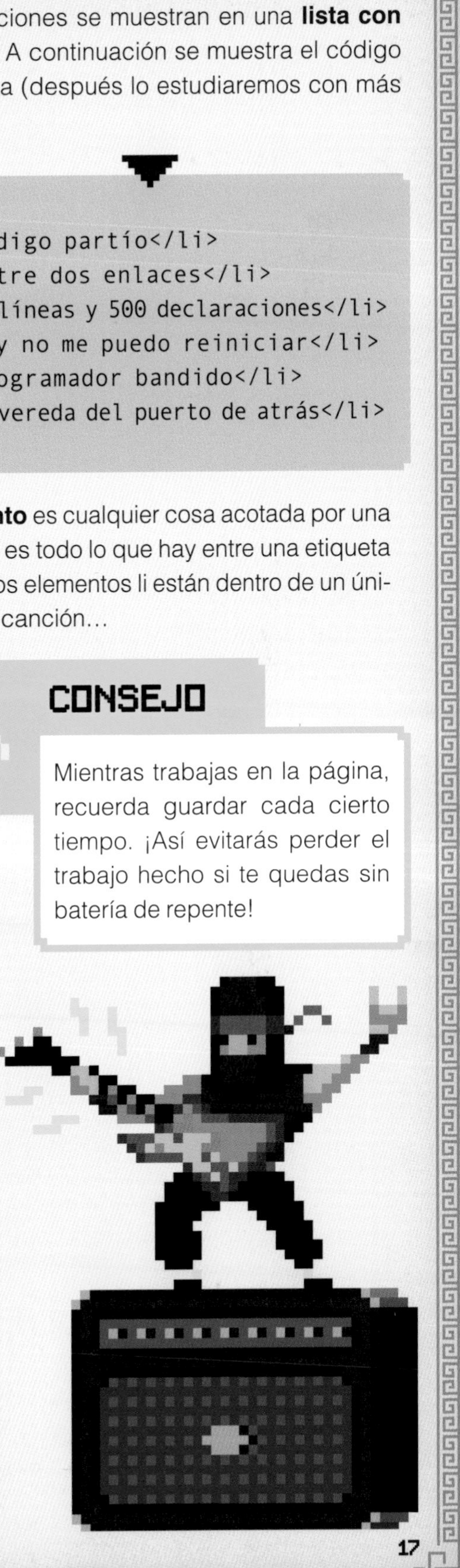

<FUSIONAR TODOS LOS ELEMENTOS>

LA PÁGINA DE INICIO

Hasta el momento, ya has hecho las páginas «Nosotros», «Nuestras canciones» y «Conciertos». No obstante, para transformarlas en un sitio web hay que vincularlas de forma que se pueda ir de una a otra. Y eso se hace creando una **página de inicio**.

Abre el archivo **`nosotros.html`** y ve al menú «archivo». Después, selecciona la opción «guardar como» y guarda el archivo con el nombre **`inicio.html`**.

CONSEJO

Normalmente, las páginas de inicio se llaman **`inicio.html`**.

Modifica **`inicio.html`** para que tenga este aspecto:

```
<!DOCTYPE html>
<html>
<head>
<title>Inicio</title>
<link type="text/css" rel="stylesheet" href="css/hoja-estilo.css"/>
</head>
<body>
<h1>¡Somos los Nanonautas!</h1>
<p>Éste es nuestro sitio web. Clica en cualquiera de los enlaces para visitar las
diferentes secciones:</p>
<ul>
<li><a href="nosotros.html">Nosotros</a></li>
<li><a href="canciones.html">Nuestras canciones</a></li>
<li><a href="conciertos.html">Conciertos</a></li>
</ul>
</body>
</html>
```

La página de inicio tiene tres **enlaces** que aparecen dentro de los elementos **`li`** de una lista **`ul`**. El código de la derecha es el enlace a la página «Nosotros».

```
<a href="nosotros.html">Nosotros</a>
```

Un enlace consta de dos partes principales:

- La parte que hay dentro del **atributo href** es el nombre de la página a la que quieres que vaya el enlace. Así, **href="nosotros.html"** te llevará a «Nosotros».
- El texto que hay entre las etiquetas de inicio y de cierre es donde el lector clicará. Es frecuente que este texto aparezca subrayado en las páginas. En nuestro ejemplo, el texto del enlace será «Nosotros».

Si visualizaras la página en un navegador, tendría que tener este aspecto:

¡Somos los Nanonautas!

Éste es nuestro sitio web. Clica en cualquiera de los enlaces para visitar las diferentes secciones:

- Nosotros
- Nuestras canciones
- Conciertos

CONSEJO

Ten cuidado y no te equivoques cuando escribas los enlaces. Siempre han de seguir el mismo patrón:

Etiquetas **a** *de inicio y de cierre*	**<a** href="canciones.html"**>**Nuestras canciones**</a>**
Atributo **href**	<a **href**="canciones.html">Nuestras canciones</a>
Nombre del archivo	<a href="**canciones.html**">Nuestras canciones</a>
Texto del enlace	<a href="canciones.html">**Nuestras canciones**</a>

Observa que el atributo **href** pone el nombre del archivo entre comillas y que va dentro de la etiqueta de inicio **a**.

QUÉ HACER DESPUÉS

Crea otras tres páginas del mapa del sitio. Sigue los mismos pasos que usaste con la página «Nuestras canciones»: guarda una página existente con otro nombre y luego modifica su contenido. Una vez terminada, añade enlaces a las nuevas páginas desde la página de inicio. Aquí tienes algunas sugerencias (¡pero las tuyas son bienvenidas!):

Elegir un instrumento →	elegir-instrumento.html
Tocar juntos →	tocar-juntos.html
Afinar un instrumento →	afinar-instrumento.html
Organizar un concierto →	organizar-concierto.html
Amplificar →	amplificar.html
Encontrar local de ensayo →	local-ensayo.html

EN NUESTRA WEB

Añadir enlaces a una página: http://nanotips.es/links.

<TÍTULOS, PÁRRAFOS Y LISTAS>

Los Nanonautas tienen un montón de ideas sobre qué poner en la página «Organizar un concierto»:

«Necesitas una lista de las canciones que vas a tocar, ¡para que no se te olvide la que viene a continuación!»

Holly

«No te olvides de dejar a mano cuerdas de guitarra o lengüetas de saxofón de repuesto.»

Dervla

«Mi consejo es que lo primero que hay que montar en el escenario es la batería. Si la dejas para el final, puede que no quepa.»

Sam

«Confirma el lugar. Nosotros llegamos tarde una vez: íbamos a tocar en el cumpleaños de Jo, pero nos perdimos.»

Daniel

De hecho, tienen tantas ideas que, al plasmarlas en la página, todo parece un poco confuso:

Organizar un concierto

¡Tocar en un concierto puede ser muy divertido! Aunque también puede dar miedo… Y a veces, ¡incluso ambas cosas! Por eso hemos preparado una lista con consejos para organizar bien un concierto.

Elaborad una lista de canciones. Se trata de un **listado** donde aparecen las canciones según el orden en el que van a tocarse. Haz copias para todos. ¡Poned la letra muy **GRANDE**! Así se verá bien incluso aunque esté en el suelo, junto a los pies, o si la iluminación no es muy buena.

No olvidéis llevar piezas de repuesto. Algunos instrumentos tienen piezas que se desgastan o se rompen, las cuales quizá haya que reemplazar. Por ejemplo: cuerdas de guitarra, lengüetas de saxofón o clarinete, o baquetas. Haced una lista de posibles piezas de repuesto que podríais necesitar y acordaos de dónde las ponéis por si os hacen faltan de repente.

Planificad dónde estaréis en el escenario. Antes de empezar a montar los instrumentos, hay que decidir dónde va a situarse cada uno. ¿El batería estará en el centro o en un lateral? Si el guitarra se coloca a la derecha, ¿dónde puede enchufar el amplificador?

Es recomendable pensar en todo esto antes de empezar a montar los instrumentos. ¡Es un rollo tenerlo todo montado y enchufado y tener que desmontarlo y cambiarlo de sitio! Confirmad el lugar y la hora. Si vais a tocar en un sitio en el que nunca habéis estado, aseguraos de que sabéis dónde está. Imprimid un mapa o usad el GPS para llegar. No hay nada peor que estar perdido en un lugar desconocido a media hora de salir al escenario. Y cuando lleguéis, lo primero que tenéis que hacer es averiguar a qué hora tocáis, porque los horarios pueden cambiar. Preguntad al organizador del evento cuándo os toca salir. ¡Que no os pillen desprevenidos!

¿Cómo podrían solucionarlo? Ya sabes cómo usar varios elementos HTML. Por ejemplo:

h1 es un título

ul es una lista con viñetas

ol es una lista numerada

p es un párrafo

Gracias a estos elementos y a otros nuevos, los Nanonautas han conseguido que su página sea más fácil de leer, como se ve aquí:

Organizar un concierto

¡Tocar en un concierto puede ser muy divertido! Aunque también puede dar miedo… Y a veces, ¡incluso ambas cosas!

Por eso hemos preparado una lista con consejos para organizar bien un concierto.

Elaborad una lista de canciones

Se trata de un **listado** donde aparecen las canciones según el orden en el que se vayan a tocar.

Haz copias para todos.

¡Poned la letra muy **GRANDE**! Así se verá bien incluso aunque esté en el suelo, junto a los pies, o si la iluminación no es muy buena.

No olvidéis llevar piezas de repuesto

Algunos instrumentos tienen piezas que se desgastan o se rompen, las cuales quizá haya que reemplazar. Por ejemplo:

- cuerdas de guitarra
- lengüetas de saxofón o clarinete
- baquetas

Haced una lista de posibles piezas de repuesto que podríais necesitar y acordaos de dónde las ponéis por si os hacen faltan de repente.

Planificad dónde estaréis en el escenario

Antes de empezar a montar los instrumentos, hay que decidir dónde va a situarse cada uno:

- ¿El batería estará en el centro o en un lateral?
- Si el guitarra se coloca a la derecha, ¿dónde puede enchufar el amplificador?

Es recomendable pensar en todo esto **antes** de empezar a montar los instrumentos. ¡Es un rollo tenerlo todo montado y enchufado y tener que desmontarlo y cambiarlo de sitio!

Confirmad el lugar y la hora

Si vais a tocar en un sitio en el que nunca habéis estado, aseguraos de que sabéis dónde está. Imprimid un mapa o usad el GPS para llegar. No hay nada peor que estar perdido en un lugar desconocido a media hora de salir al escenario.

Y cuando lleguéis, lo primero que tenéis que hacer es **averiguar a qué hora tocáis**, porque los horarios pueden cambiar. Preguntad al organizador del evento cuándo os toca salir. ¡Que no os pillen desprevenidos!

¿Cómo lo han hecho?

1) Han usado **títulos** para dividir el contenido.

2) Han utilizado un **listado de viñetas** para facilitar la lectura.

3) Han dividido los bloques de texto en **párrafos** más cortos.

4) Han destacado varias palabras importantes con el elemento `strong`.

El **marcado**, palabra muy utilizada por los programadores, es la forma en que se ensamblan todos los elementos HTML. Un buen marcado consiste en usar los diferentes elementos que existen para hacer que las páginas sean legibles.

A continuación está el HTML de la página modificada. Observa los nuevos elementos, como **h1**, **h2** y **strong**.

```
<!DOCTYPE html>
<html>
<head>
<title>Organizar un concierto</title>
<link type="text/css" rel="stylesheet" href="css/hoja-estilo.css"/>
</head>
<body>
<h1>Organizar un concierto</h1>
<p>¡Tocar en un concierto puede ser muy divertido! Aunque también puede dar miedo… Y a veces, ¡incluso ambas cosas!</p>
<p>Por eso hemos preparado una lista con consejos para organizar bien un concierto.</p>
<h2>Elaborad una lista de canciones</h2>
<p>Se trata de un <strong>listado</strong> donde aparecen las canciones según el orden en el que van a tocarse.</p>
<p>Haz copias para todos.</p>
<p>¡Poned la letra muy <strong>GRANDE</strong>! Así se verá bien incluso aunque esté en el suelo, junto a los pies, o si la iluminación no es muy buena.</p>
<h2>No olvidéis llevar piezas de repuesto</h2>
<p>Algunos instrumentos tienen piezas que se desgastan o se rompen, las cuales quizá haya que reemplazar. Por ejemplo:</p>
<ul>
<li>cuerdas de guitarra</li>
<li>lengüetas de saxofón o clarinete</li>
<li>baquetas</li>
</ul>
<p>Haced una lista de posibles piezas de repuesto que podríais necesitar y acordaos de dónde las ponéis por si os hacen faltan de repente.</p>
<h2>Planificad dónde estaréis en el escenario</h2>
<p>Antes de empezar a montar los instrumentos, hay que decidir dónde va a situarse cada uno:</p>
<ul>
<li>¿El batería estará en el centro o en un lateral?</li>
<li>Si el guitarra se coloca a la derecha, ¿dónde puede enchufar el amplificador?</li>
</ul>
<p>Es recomendable pensar en todo esto <strong>antes</strong> de empezar a montar los instrumentos. ¡Es un rollo tenerlo todo montado y enchufado y tener que desmontarlo y cambiarlo de sitio!</p>
<h2>Confirmad el lugar y la hora</h2>
<p>Si vais a tocar en un sitio en el que nunca habéis estado, aseguraos de que
```

```
sabéis dónde está. Imprimid un mapa o usad el GPS para llegar. No hay nada peor
que estar perdido en un lugar desconocido a media hora de salir al escena-
rio.</p>
<p>Y cuando lleguéis, lo primero que tenéis que hacer es <strong>averiguar a qué
hora tocáis</strong>, porque los horarios pueden cambiar. Preguntad al organi-
zador del evento cuándo os toca salir. ¡Que no os pillen desprevenidos!</p>
</body>
</html>
```

CONSEJO

Si te fijas en la página de los Nanonautas, verás que han utilizado el elemento **h2** para dividir el texto y que el lector pueda encontrar lo que está buscando de un vistazo. Cuando marcas una página tienes que utilizar el elemento **h1** para el título principal de la página y los elementos **h2** para los subtítulos. Puedes usar todos los elementos **h2** que te hagan falta.

CONSEJO

Otra cosa que han hecho los Nanonautas es dividir las diferentes secciones en párrafos. Un párrafo es una o más frases acotadas por un elemento **p**. Piensa en un párrafo como en un bloque de texto que desarrolla un pensamiento o idea independiente. Al dividir la página en párrafos, ayudas al lector a seguir lo que se está diciendo con mayor fluidez.

CONSEJO

Los Nanonautas han utilizado un listado de viñetas para dar ejemplos de cosas que no hay que olvidar. De nuevo, esta fragmentación del texto hace que la página sea más legible.

CONSEJO

Utiliza el marcado de listas para crear listados. Existen dos tipos: **con viñetas**, que utiliza el elemento **`ul`**, y **con números**, que utiliza el elemento **`ol`**. Cada línea ha de estar dentro de su propio elemento **`li`**.

Con viñetas

```
<ul>
<li>piedra</li>
<li>papel</li>
<li>tijera</li>
</ul>
```

Con números

```
<ol>
<li>piedra</li>
<li>papel</li>
<li>tijera</li>
</ol>
```

Con viñetas

- piedra
- papel
- tijera

Con números

1. piedra
2. papel
3. tijera

Observa que la palabra «listado» y la frase «averiguar a qué hora tocáis» se encuentran dentro de **elementos `strong`**. Estos elementos pueden estar dentro de otros elementos, como **`p`** y **`li`**, y se utilizan para destacar determinadas palabras.

¡NO OLVIDES ANIDAR LOS ELEMENTOS!

Los elementos siempre deben estar anidados. Esto significa que han de estar uno dentro del otro, ¡como las muñecas rusas!

¿Qué quiere decir *anidado*?

Cuando decimos que un elemento está anidado en otro, nos referimos a que sus etiquetas de inicio y de cierre están en algún punto entre las etiquetas de inicio y de cierre del resto de elementos. Por ejemplo, si decimos que un elemento **`strong`** que contiene la palabra consejo está «dentro» de un elemento **`p`**, queremos decir que las etiquetas **`<strong>`** (inicio) y **`</strong>`** (cierre) están en algún lugar entre las etiquetas **`<p>`** (inicio) y **`</p>`** (cierre) del elemento **`p`**.

BIEN

```
<p><strong>Consejo:
</strong> Si te equivocas,
¡no dejes de tocar!</p>
```

MAL

```
<strong><p>Consejo:
</strong> Si te equivocas,
¡no dejes de tocar!</p>
```

MEJORAR LA APARIENCIA

De momento, nuestras páginas están… bien. Pero lo cierto es que se ven un poco sosas, ¿no crees? Más bien parecen páginas de un libro impreso. PERO esto tiene solución:

- Podemos cambiar el color de fondo de la página.
- Podemos añadir una imagen de fondo.
- Podemos hacer que el texto resulte más atractivo.

Todo esto y mucho más es posible simplemente editando la hoja de estilo del sitio.

<¡ESTABLECER LOS ESTILOS!>

Si quieres cambiar la apariencia de las páginas no es necesario editar su código: lo que hay que cambiar es el código de la **hoja de estilo**. Ya hemos hablado de esto anteriormente, pero ahora vamos a verlo con detenimiento. Cuando diseñamos sitios web, es en las hojas de estilo donde tiene lugar la magia que los dotará de su fantástico aspecto.

A continuación puedes ver la misma página web hecha en HTML, donde lo único que cambia es la hoja de estilo:

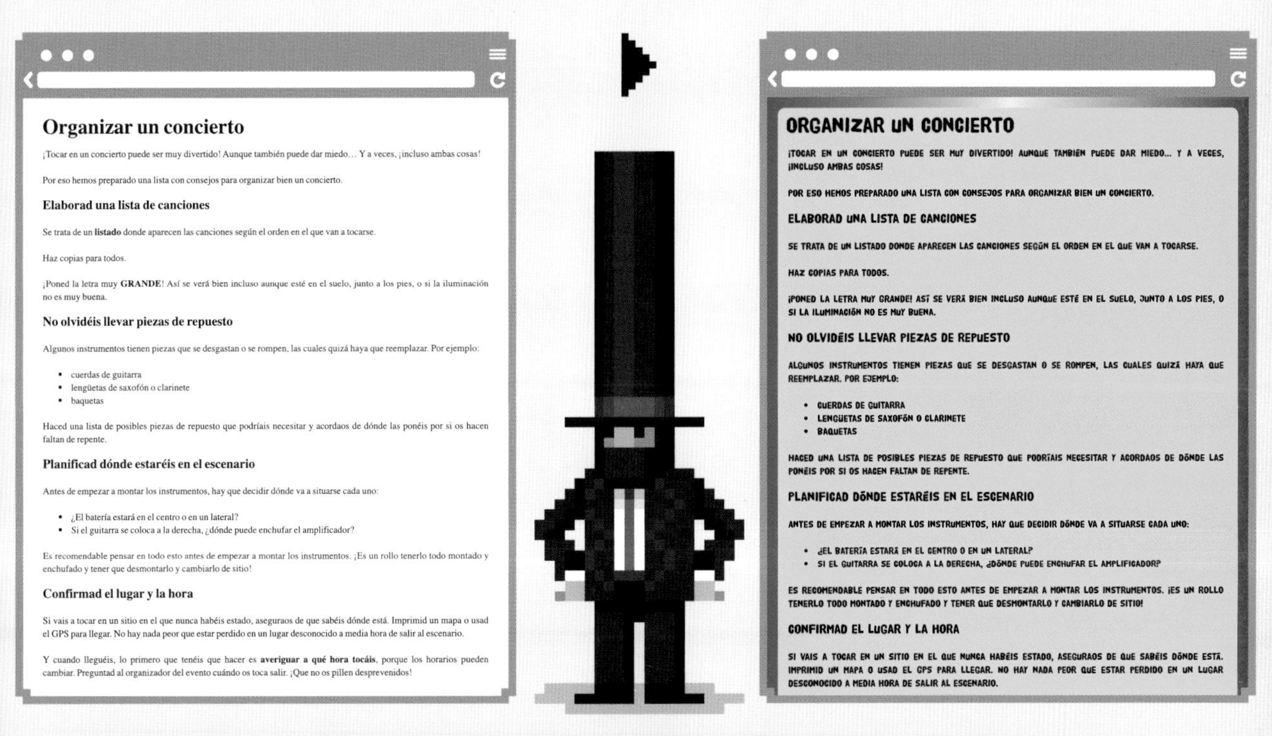

Organizar un concierto

¡Tocar en un concierto puede ser muy divertido! Aunque también puede dar miedo… Y a veces, ¡incluso ambas cosas!

Por eso hemos preparado una lista con consejos para organizar bien un concierto.

Elaborad una lista de canciones

Se trata de un **listado** donde aparecen las canciones según el orden en el que van a tocarse.

Haz copias para todos.

¡Poned la letra muy **GRANDE**! Así se verá bien incluso aunque esté en el suelo, junto a los pies, o si la iluminación no es muy buena.

No olvidéis llevar piezas de repuesto

Algunos instrumentos tienen piezas que se desgastan o se rompen, las cuales quizá haya que reemplazar. Por ejemplo:

- cuerdas de guitarra
- lengüetas de saxofón o clarinete
- baquetas

Haced una lista de posibles piezas de repuesto que podríais necesitar y acordaos de dónde las ponéis por si os hacen faltan de repente.

Planificad dónde estaréis en el escenario

Antes de empezar a montar los instrumentos, hay que decidir dónde va a situarse cada uno:

- ¿El batería estará en el centro o en un lateral?
- Si el guitarra se coloca a la derecha, ¿dónde puede enchufar el amplificador?

Es recomendable pensar en todo esto antes de empezar a montar los instrumentos. ¡Es un rollo tenerlo todo montado y enchufado y tener que desmontarlo y cambiarlo de sitio!

Confirmad el lugar y la hora

Si vais a tocar en un sitio en el que nunca habéis estado, aseguraos de que sabéis dónde está. Imprimid un mapa o usad el GPS para llegar. No hay nada peor que estar perdido en un lugar desconocido a media hora de salir al escenario.

Y cuando lleguéis, lo primero que tenéis que hacer es **averiguar a qué hora tocáis**, porque los horarios pueden cambiar. Preguntad al organizador del evento cuándo os toca salir. ¡Que no os pillen desprevenidos!

ORGANIZAR UN CONCIERTO

¡TOCAR EN UN CONCIERTO PUEDE SER MUY DIVERTIDO! AUNQUE TAMBIÉN PUEDE DAR MIEDO... Y A VECES, ¡INCLUSO AMBAS COSAS!

POR ESO HEMOS PREPARADO UNA LISTA CON CONSEJOS PARA ORGANIZAR BIEN UN CONCIERTO.

ELABORAD UNA LISTA DE CANCIONES

SE TRATA DE UN LISTADO DONDE APARECEN LAS CANCIONES SEGÚN EL ORDEN EN EL QUE VAN A TOCARSE.

HAZ COPIAS PARA TODOS.

¡PONED LA LETRA MUY GRANDE! ASÍ SE VERÁ BIEN INCLUSO AUNQUE ESTÉ EN EL SUELO, JUNTO A LOS PIES, O SI LA ILUMINACIÓN NO ES MUY BUENA.

NO OLVIDÉIS LLEVAR PIEZAS DE REPUESTO

ALGUNOS INSTRUMENTOS TIENEN PIEZAS QUE SE DESGASTAN O SE ROMPEN, LAS CUALES QUIZÁ HAYA QUE REEMPLAZAR. POR EJEMPLO:

- CUERDAS DE GUITARRA
- LENGÜETAS DE SAXOFÓN O CLARINETE
- BAQUETAS

HACED UNA LISTA DE POSIBLES PIEZAS DE REPUESTO QUE PODRÍAIS NECESITAR Y ACORDAOS DE DÓNDE LAS PONÉIS POR SI OS HACEN FALTAN DE REPENTE.

PLANIFICAD DÓNDE ESTARÉIS EN EL ESCENARIO

ANTES DE EMPEZAR A MONTAR LOS INSTRUMENTOS, HAY QUE DECIDIR DÓNDE VA A SITUARSE CADA UNO:

- ¿EL BATERÍA ESTARÁ EN EL CENTRO O EN UN LATERAL?
- SI EL GUITARRA SE COLOCA A LA DERECHA, ¿DÓNDE PUEDE ENCHUFAR EL AMPLIFICADOR?

ES RECOMENDABLE PENSAR EN TODO ESTO ANTES DE EMPEZAR A MONTAR LOS INSTRUMENTOS. ¡ES UN ROLLO TENERLO TODO MONTADO Y ENCHUFADO Y TENER QUE DESMONTARLO Y CAMBIARLO DE SITIO!

CONFIRMAD EL LUGAR Y LA HORA

SI VAIS A TOCAR EN UN SITIO EN EL QUE NUNCA HABÉIS ESTADO, ASEGURAOS DE QUE SABÉIS DÓNDE ESTÁ. IMPRIMID UN MAPA O USAD EL GPS PARA LLEGAR. NO HAY NADA PEOR QUE ESTAR PERDIDO EN UN LUGAR DESCONOCIDO A MEDIA HORA DE SALIR AL ESCENARIO.

¿QUÉ HOJA DE ESTILO UTILIZA MI PAGINA?

Si te fijas en la parte superior del código de tus páginas web, verás un elemento `link` debajo del título:

```
<!DOCTYPE html>
<html>
<head>
<title>Organizar un concierto</title>
<link type="text/css" rel="stylesheet" href="css/hoja-estilo.css"/>
</head>
```

Este enlace indica el nombre del archivo css utilizado para dar formato a la página. El elemento `link` le dice al navegador web que busque el archivo **hoja-estilo.css** dentro de la carpeta **css**.

¿QUÉ HAY EN UNA HOJA DE ESTILO?

Vamos a echar un vistazo a la hoja de estilo para ver cómo podemos modificarla. Abre una de las páginas en el navegador y el archivo **hoja-estilo.css** en el editor de código, de forma que veas ambas ventanas en paralelo. El archivo **hoja-estilo.css** contiene una única **regla**.

Esta regla le indica al navegador el formato del elemento **body** del archivo HTML. Es decir, le dice que todo lo que haya dentro del elemento body debe visualizarse con una fuente sin serifa.

```
body {
font-family: sans-serif;
}
```

Así, si cambiamos la regla a **font-family: serif**; y actualizamos la página, veremos que, de repente, tiene un aspecto diferente.

```
body {
font-family: serif;
}
```

Organizar un concierto

¡Tocar en un concierto puede ser muy divertido! Aunque también puede dar miedo... Y a veces, ¡incluso ambas cosas!

Por eso hemos preparado una lista con consejos para organizar bien un concierto.

Elaborad una lista de canciones

Se trata de un listado donde aparecen las canciones según el orden en el que van a tocarse.

Haz copias para todos.

¡Poned la letra muy **GRANDE**! Así se verá bien incluso aunque esté en el suelo, junto a los pies, o si la iluminación no es muy buena.

No olvidéis llevar piezas de repuesto

Algunos instrumentos tienen piezas que se desgastan o se rompen, las cuales quizá haya que reemplazar. Por ejemplo:

- cuerdas de guitarra
- lengüetas de saxofón o clarinete
- baquetas

Haced una lista de posibles piezas de repuesto que podríais necesitar y acordaos de dónde las ponéis por si os hacen faltan de repente.

Planificad dónde estaréis en el escenario

Antes de empezar a montar los instrumentos, hay que decidir dónde va a situarse cada uno:

- ¿El batería estará en el centro o en un lateral?
- Si el guitarra se coloca a la derecha, ¿dónde puede enchufar el amplificador?

Es recomendable pensar en todo esto **antes** de empezar a montar los instrumentos. ¡Es un rollo tenerlo todo montado y enchufado y tener que desmontarlo y cambiarlo de sitio!

Confirmad el lugar y la hora

Si vais a tocar en un sitio en el que nunca habéis estado, aseguraos de que sabéis dónde está. Imprimid un mapa o usad el GPS para llegar. No hay nada peor que estar perdido en un lugar desconocido a media hora de salir al escenario.

Y cuando lleguéis, lo primero que tenéis que hacer es **averiguar a qué hora tocáis**, porque los horarios pueden cambiar. Preguntad al organizador del evento cuándo os toca salir. ¡Que no os pillen desprevenidos!

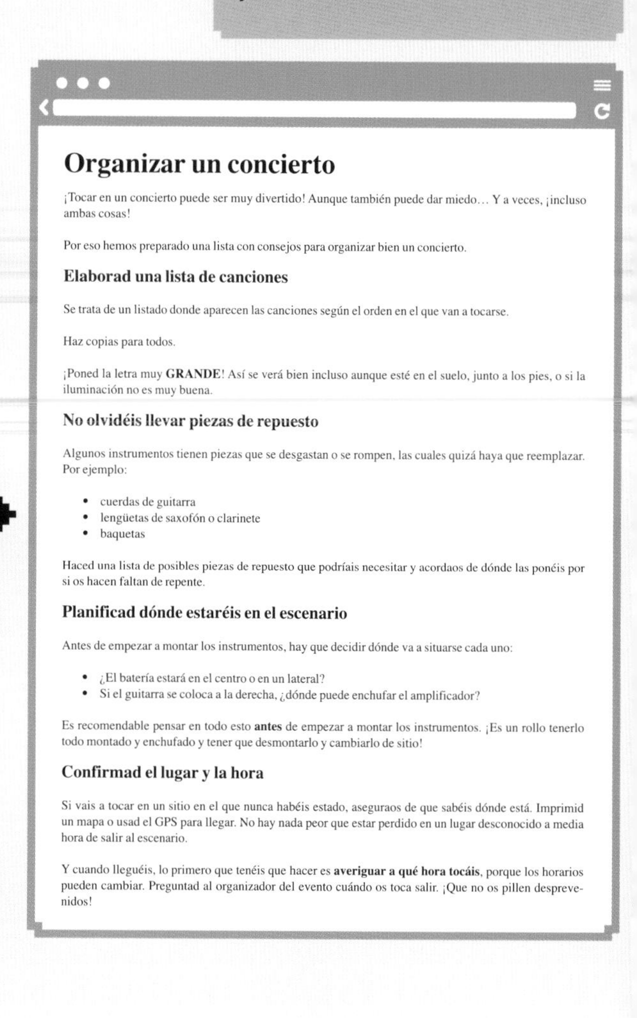

Organizar un concierto

¡Tocar en un concierto puede ser muy divertido! Aunque también puede dar miedo... Y a veces, ¡incluso ambas cosas!

Por eso hemos preparado una lista con consejos para organizar bien un concierto.

Elaborad una lista de canciones

Se trata de un listado donde aparecen las canciones según el orden en el que van a tocarse.

Haz copias para todos.

¡Poned la letra muy **GRANDE**! Así se verá bien incluso aunque esté en el suelo, junto a los pies, o si la iluminación no es muy buena.

No olvidéis llevar piezas de repuesto

Algunos instrumentos tienen piezas que se desgastan o se rompen, las cuales quizá haya que reemplazar. Por ejemplo:

- cuerdas de guitarra
- lengüetas de saxofón o clarinete
- baquetas

Haced una lista de posibles piezas de repuesto que podríais necesitar y acordaos de dónde las ponéis por si os hacen faltan de repente.

Planificad dónde estaréis en el escenario

Antes de empezar a montar los instrumentos, hay que decidir dónde va a situarse cada uno:

- ¿El batería estará en el centro o en un lateral?
- Si el guitarra se coloca a la derecha, ¿dónde puede enchufar el amplificador?

Es recomendable pensar en todo esto **antes** de empezar a montar los instrumentos. ¡Es un rollo tenerlo todo montado y enchufado y tener que desmontarlo y cambiarlo de sitio!

Confirmad el lugar y la hora

Si vais a tocar en un sitio en el que nunca habéis estado, aseguraos de que sabéis dónde está. Imprimid un mapa o usad el GPS para llegar. No hay nada peor que estar perdido en un lugar desconocido a media hora de salir al escenario.

Y cuando lleguéis, lo primero que tenéis que hacer es **averiguar a qué hora tocáis**, porque los horarios pueden cambiar. Preguntad al organizador del evento cuándo os toca salir. ¡Que no os pillen desprevenidos!

EN NUESTRA WEB

Si te cuesta abrir la hoja de estilo, ve este tutorial: http://nanotips.es/hoja.

¿Por qué no modificamos la hoja de estilo un poco más? Vamos a volver a usar una fuente sin serifa y a poner el fondo de color lila. Después, el archivo **hoja-estilo.css** tendrá este aspecto:

```
body {
background-color: Thistle;
font-family: sans-serif;
margin-left: auto;
margin-right: auto;
max-width: 1024px;
min-width: 256px;
padding-top: 8px;
padding-bottom: 24px;
padding-left: 24px;
padding-right: 24px;
}
```

Organizar un concierto

¡Tocar en un concierto puede ser muy divertido! Aunque también puede dar miedo... Y a veces, ¡incluso ambas cosas!

Por eso hemos preparado una lista con consejos para organizar bien un concierto.

Elaborad una lista de canciones

Se trata de un listado donde aparecen las canciones según el orden en el que van a tocarse.

Haz copias para todos.

¡Poned la letra muy **GRANDE!** Así se verá bien incluso aunque esté en el suelo, junto a los pies, o si la iluminación no es muy buena.

No olvidéis llevar piezas de repuesto

Algunos instrumentos tienen piezas que se desgastan o se rompen, las cuales quizá haya que reemplazar. Por ejemplo:

- cuerdas de guitarra
- lengüetas de saxofón o clarinete
- baquetas

Haced una lista de posibles piezas de repuesto que podríais necesitar y acordaos de dónde las ponéis por si os hacen faltan de repente.

Planificad dónde estaréis en el escenario

Antes de empezar a montar los instrumentos, hay que decidir dónde va a situarse cada uno:

- ¿El batería estará en el centro o en un lateral?
- Si el guitarra se coloca a la derecha, ¿dónde puede enchufar el amplificador?

Es recomendable pensar en todo esto **antes** de empezar a montar los instrumentos. ¡Es un rollo tenerlo todo montado y enchufado y tener que desmontarlo y cambiarlo de sitio!

Confirmad el lugar y la hora

Si vais a tocar en un sitio en el que nunca habéis estado, aseguraos de que sabéis dónde está. Imprimid un mapa o usad el GPS para llegar. No hay nada peor que estar perdido en un lugar desconocido a media hora de salir al escenario.

Y cuando lleguéis, lo primero que tenéis que hacer es **averiguar a qué hora tocáis**, porque los horarios pueden cambiar. Preguntad al organizador del evento cuándo os toca salir. ¡Que no os pillen desprevenidos!

Con estos pequeños cambios, nuestra página resulta más atractiva. ¡Pero todavía se pueden hacer muchas más cosas!

¡VAMOS A DARLE CAÑA!

Modifica la hoja de estilo para que sea como la de abajo… ¡y verás qué cambio tan radical con tan sólo añadir unas líneas de código!

```
body {
background-color: Thistle;
border: 2px solid Gray;
border-radius: 16px;
font-family: sans-serif;
margin-left: auto;
margin-right: auto;
max-width: 1024px;
min-width: 256px;
padding-top: 8px;
padding-bottom: 24px;
padding-left: 24px;
padding-right: 24px;
}
html {
background: radial-
gradient(circle, SkyBlue,
SkyBlue 50%, LightCyan 50%,
SkyBlue);
background-size: 8px 8px;
}
```

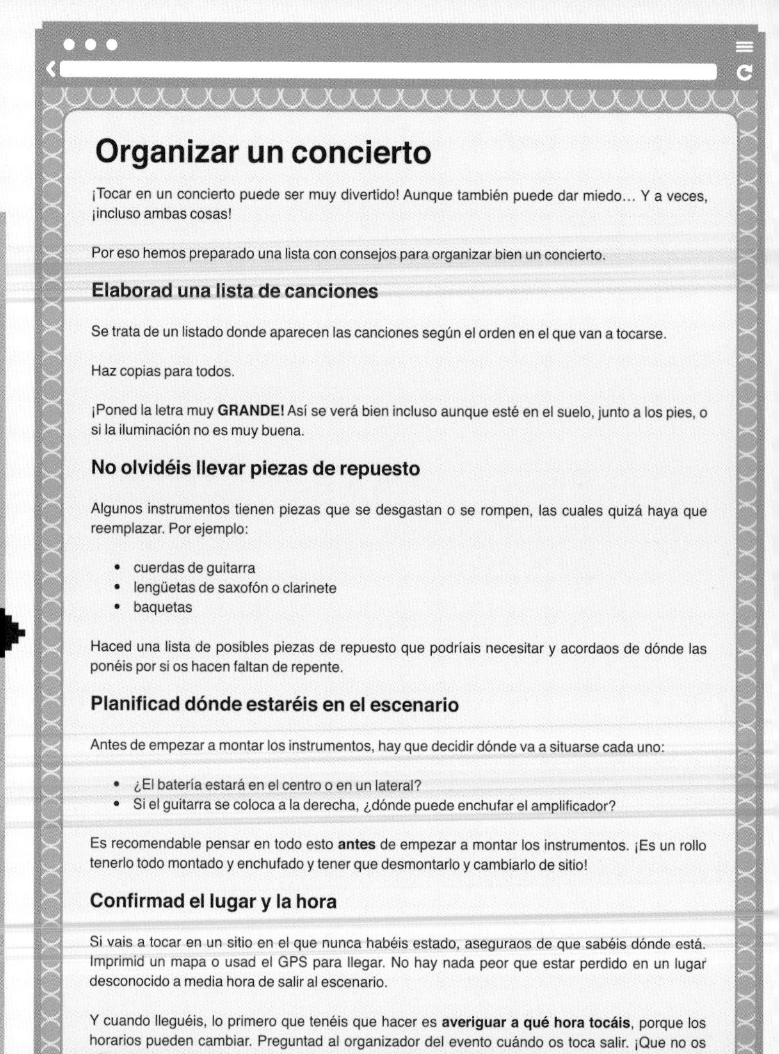

Organizar un concierto

¡Tocar en un concierto puede ser muy divertido! Aunque también puede dar miedo… Y a veces, ¡incluso ambas cosas!

Por eso hemos preparado una lista con consejos para organizar bien un concierto.

Elaborad una lista de canciones

Se trata de un listado donde aparecen las canciones según el orden en el que van a tocarse.

Haz copias para todos.

¡Poned la letra muy **GRANDE!** Así se verá bien incluso aunque esté en el suelo, junto a los pies, o si la iluminación no es muy buena.

No olvidéis llevar piezas de repuesto

Algunos instrumentos tienen piezas que se desgastan o se rompen, las cuales quizá haya que reemplazar. Por ejemplo:

- cuerdas de guitarra
- lengüetas de saxofón o clarinete
- baquetas

Haced una lista de posibles piezas de repuesto que podríais necesitar y acordaos de dónde las ponéis por si os hacen faltan de repente.

Planificad dónde estaréis en el escenario

Antes de empezar a montar los instrumentos, hay que decidir dónde va a situarse cada uno:

- ¿El batería estará en el centro o en un lateral?
- Si el guitarra se coloca a la derecha, ¿dónde puede enchufar el amplificador?

Es recomendable pensar en todo esto **antes** de empezar a montar los instrumentos. ¡Es un rollo tenerlo todo montado y enchufado y tener que desmontarlo y cambiarlo de sitio!

Confirmad el lugar y la hora

Si vais a tocar en un sitio en el que nunca habéis estado, aseguraos de que sabéis dónde está. Imprimid un mapa o usad el GPS para llegar. No hay nada peor que estar perdido en un lugar desconocido a media hora de salir al escenario.

Y cuando lleguéis, lo primero que tenéis que hacer es **averiguar a qué hora tocáis**, porque los horarios pueden cambiar. Preguntad al organizador del evento cuándo os toca salir. ¡Que no os pillen desprevenidos!

Para entender cómo funcionan las reglas, primero añade **reglas vacías**:

```
body {
}
html {
}
```

A continuación, añade líneas independientes (declaraciones) de una en una. Cada vez que añadas una declaración nueva, dale a «guardar» y actualiza la página en el navegador para ver el resultado.

El primer paso es añadir la declaración **`background-color:-Thistle;`**, como aquí:

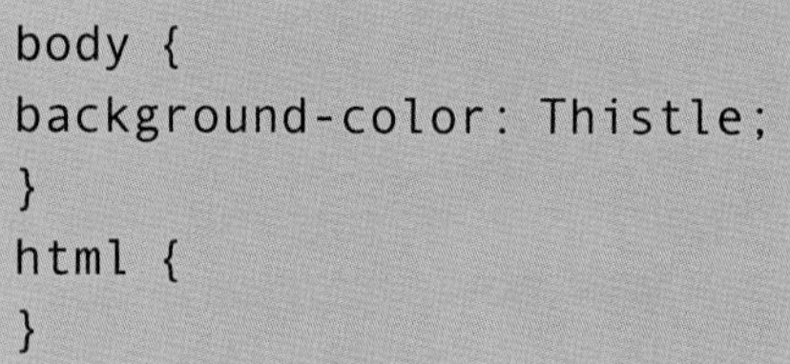

```
body {
background-color: Thistle;
}
html {
}
```

Después, añade esta declaración:
`border:2px solid Gray;`

```
body {
background-color: Thistle;
border: 2px solid Gray;
}
html {
}
```

¡BIEN HECHO!

¡ESTILAZO!

Y así sucesivamente. De esta forma, verás lo que hace cada línea de manera independiente. Para más información sobre esta técnica, ve a http://nanotips.es/declaraciones.

Observa que una regla puede contener más de una declaración. Las declaraciones acaban con **punto y coma** (**`;`**) y están formadas por una **propiedad** (como **`color`**) seguida de **dos puntos** (**`:`**) y de un **valor** (por ejemplo, **`White`**). Las declaraciones se ubican entre llaves **`{`** y **`}`**. Un error muy común es olvidarse del punto y coma del final de la declaración o de la última llave del final de una regla.

VOCABULARIO

Viñeta. Una viñeta es un pequeño marcador redondo (•) que aparece antes de los elementos de una lista. En HTML, todos los elementos **`li`** que hay dentro de un elemento **`ul`** aparecen normalmente con una viñeta delante, pero también se puede usar una hoja de estilo para desactivar su visualización.

CSS. Otra forma de referirse a una hoja de estilo es *archivo CSS*, del inglés *cascading stylesheet* (hoja de estilo en cascada).

Declaración. Las hojas de estilo contienen un conjunto de reglas sobre cómo se visualizará una página de HTML. Cada regla se compone de una o más declaraciones, como **`background-color: Orange;`** o **`font-family: sans-serif;`**.

Fuente. Una fuente es un tipo particular de texto. Existen muchas fuentes diferentes, y puedes cambiar las de tu página usando la hoja de estilo.

Hoja de estilo. Una hoja de estilo contiene la fórmula de la apariencia que tendrá una página de HTML. Para cambiar dicha apariencia hay que modificar la hoja de estilo.

Las hojas de estilo son listados de reglas que indican al navegador qué formato debe tener cada elemento.

COLORES

Existen diferentes formas de añadir colores a las páginas. Por ejemplo:

- Podemos establecer el color de fondo de un elemento (esto es lo que hicimos para colorear de lila el fondo de la página «Organizar un concierto»).
- Podemos definir el color del texto.
- También podemos establecer el color de los bordes y los enlaces.

De hecho, se puede colorear casi cualquier elemento de una página.

CONSEJO

En CSS se utiliza el inglés americano, por lo que en vez de *colour* lo correcto es usar **color**, y en lugar de *grey* se utiliza **Gray**. ¡Tendrás que acostumbrarte a ello!

Los colores se pueden establecer de dos maneras:

- Puedes darle un nombre a cada color (por ejemplo, **`Yellow`**).
- O puedes introducir un **código hexadecimal** (seis caracteres con un **#** delante: **`#B577B5`**).

Hasta ahora, hemos utilizado el primer sistema, con los colores **`Thistle`** y **`Gray`**. Introducir el nombre de un color es fácil, pero ¿y si quieres que el fondo del menú sea de una tonalidad de azul (**`Blue`**) determinada? Aquí entran en juego los **códigos hexadecimales**. Todos los colores que ves en tu pantalla están hechos de una combinación de luz roja, verde y azul con diferentes niveles de brillo. Los códigos hexadecimales sirven para establecer los valores de rojo, azul y verde. Los dos primeros caracteres después de # representan la parte roja; los dos siguientes, la verde, y los dos últimos, la azul. A continuación puedes ver algunos ejemplos:

#000000 #E60000 #0000CC #FF8C19 #EE82EE #00E600

VOCABULARIO

Código hexadecimal. ¿Recuerdas las bases de las clases de matemáticas? La razón por la que estos códigos se llaman *hexadecimales* es que los números están en base 16:

Base 10	0	1	2	3	4	5	6	7	8	9	10	11	12	13	14	15
Base 16	0	1	2	3	4	5	6	7	8	9	A	B	C	D	E	F

La teoría está muy bien, sí... Pero ¿cómo se obtiene el código de un color determinado?

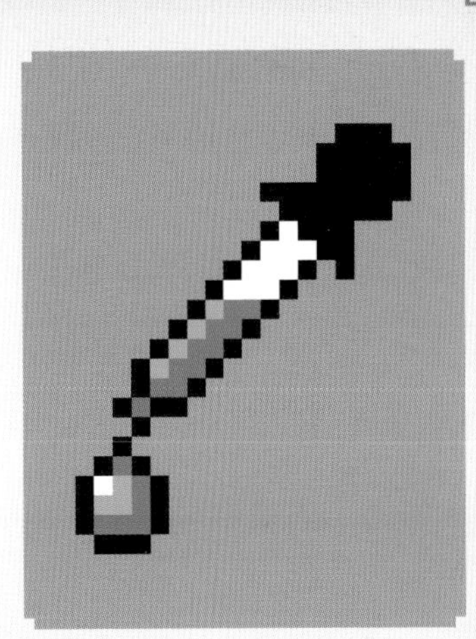

Existen dos formas principales:

- Si tienes un programa de edición de imágenes, como GIMP (GNU Image Manipulation Program), Adobe Photoshop o Corel Paint Shop Pro, puedes utilizar las herramientas «Recoge color» o «Cuentagotas». Con ellas, al posar el cursor en una parte determinada de la imagen, se obtiene el valor hexadecimal del color. También puedes abrir una ventana y elegir un color de la paleta de colores o del círculo cromático.
- Si no tienes un programa de edición de imágenes, puedes utilizar un cuentagotas en línea.

Una vez que tengas el valor hexadecimal de un color, ya puedes usarlo en tu hoja de estilo. Por ejemplo, si C0C0FF es el código del color azul pastel que quieres usar como color de fondo para la cabera principal **h1**, sólo tienes que añadir la siguiente regla a la hoja de estilo:

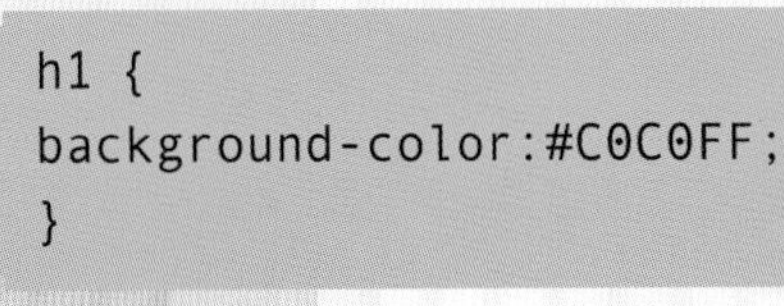

```
h1 {
background-color:#C0C0FF;
}
```

UNIDADES DE MEDIDA

Seguramente te hayas dado cuenta de que hemos utilizado tres unidades de medida diferentes en las hojas de estilo: **`px`**, **`em`** y **`%`**. Vamos a ver en qué se diferencian y para qué se usa cada una:

	SIGNIFICADO	
px	Las imágenes que ves en tu pantalla se componen de pequeños puntos o **píxeles**. Su abreviatura es **px**. La línea más fina que se puede ver en una pantalla es de 1 píxel de ancho, y la forma más pequeña, un punto de 1 x 1 píxeles.	Utiliza los píxeles cuando quieras que algo tenga un ancho determinado, pero sólo si ese ancho ha de ser el mismo aunque la pantalla sea más ancha o más estrecha. Por ejemplo, el ancho de un borde o el relleno entre el texto y un elemento determinado.
em	Un **em** ocupa alrededor del ancho de dos letras (*alrededor* porque las letras tienen diferentes anchuras). Utilizamos el em porque se calcula en relación con el tamaño de la fuente. Así, si el tamaño de la fuente aumenta, el ancho permitido para 50 em también lo hará. Por ello, se dice que un em es una unidad **relativa**.	Utiliza ems cuando tengas que establecer un ancho de línea máximo o mínimo para un bloque de texto. Para que no resulte difícil seguir las palabras de una línea a otra, la longitud máxima de una línea ha de tener entre 40 y 60 ems.
%	Cuando el ancho de un elemento se mide en porcentaje, éste se mide en relación con el ancho del elemento que lo contiene (¡no hay que olvidar que existen elementos anidados!). Por ello, si estableces en el 50 % el ancho de un elemento **`img`** anidado en un elemento **`p`**, medirá la mitad del ancho del elemento **`p`**. En este caso se utiliza el símbolo **`%`**.	Utiliza unidades porcentuales cuando estés creando el diseño general de tu página web. Más adelante las usaremos para crear diseños más complejos.

<VINCULAR LAS PÁGINAS>

Aunque el sitio de los Nanonautas tiene ya cuatro páginas, la única manera fácil de ir de una a otra es volver a la página de inicio (**inicio.html**), así que vamos a añadir enlaces a todas las páginas que hemos creado. Esto nos permitirá ir de una página a otra sin importar la sección en la que nos encontremos. Ahora mismo, los únicos enlaces que hay están en la página de inicio, **inicio.html**. Para añadir más, vamos a abrir el archivo **inicio.html**, a copiar el código HTML de los enlaces y a pegarlo en los otros archivos (**nosotros.html**, **canciones.html**, etcétera). También añadiremos un enlace a la página de inicio.

COPIAR LOS ENLACES

```
<body>
<h1>¡Somos los Nanonautas!</h1>
<p> Éste es nuestro sitio web. Clica en
cualquiera de los enlaces para visitar las
diferentes secciones:</p>
<ul>
<li><a href="nosotros.html">About Us</a></li>
<li><a href="canciones.html">Nuestras canciones</a></li>
<li><a href="conciertos.html">Conciertos</a></li>
<li><a href="organizar-concierto.
html">Organizar un concierto</a></li>
</ul>
</body>
```

1. Abre **inicio.html** en el editor de código y selecciona el código HTML de los enlaces (a la derecha, el texto sombreado) siguiendo estos pasos:

☯ Clica justo delante de la etiqueta de inicio de **ul**, mantén el botón del ratón presionado y luego arrastra hacia abajo, marcando el texto mientras avanzas.

☯ Quita el dedo del ratón cuando llegues a la etiqueta de cierre de **ul**.

☯ Cuando tengas los enlaces seleccionados, comprueba que has incluido TODAS las etiquetas de inicio y de cierre del elemento **ul**.

BIEN

```
<ul>
<li><a href="nosotros.html">About Us</a></li>
<li><a href="canciones.html">Nuestras canciones</a></li>
<li><a href="conciertos.html">Conciertos</a></li>
<li><a href="organizar-concierto.html">Organizar un concierto</a>
</li>
</ul>
```

MAL

```
<ul>
<li><a href="nosotros.html">About Us</a></li>
<li><a href="canciones.html">Nuestras canciones</a></li>
<li><a href="conciertos.html">Conciertos</a></li>
<li><a href="organizar-concierto.html">Organizar un
concierto</a>
</li>
</ul>
```

2. Copia los enlaces en el portapapeles. Puedes utilizar un atajo de teclado: **Ctrl + C**, para Windows y Linux, o **⌘ + C**, para Mac. Abre en el editor una de las páginas que ya tienes hechas (en el ejemplo que sigue usaremos la página Organizar un concierto).

3. Clica justo delante de la etiqueta de inicio de **h1** y pega los enlaces. Añade otro a la página de inicio. Después, añade una etiqueta de inicio **<nav>** antes de la etiqueta **<ul>** y una etiqueta de cierre **</nav>** después de **</ul>**. Esto integra la lista de enlaces en el elemento **nav** (abreviatura de navegación), dejando claro que es una lista de enlaces a la página de inicio y no una lista dentro del texto de una página.

```
<!DOCTYPE html>
<html>
<head>
<title>Organizar un concierto</title>
<link type="text/css" rel="stylesheet" href="css/hoja-estilo.css"/>
</head>
<body>
<nav>
<ul>
<li><a href="inicio.html">Inicio</a></li>
<li><a href="nosotros.html">Nosotros</a></li>
<li><a href="canciones.html">Nuestras canciones</a></li>
<li><a href="conciertos.html">Conciertos</a></li>
<li><a href="organizar-concierto.html">Organizar un concierto</a></li>
</ul>
</nav>
<h1>Organizar un concierto</h1>
```

4. Guarda el archivo y ábrelo en el navegador. Verás que los enlaces aparecen encima del elemento **h1**. Un poco raro, ¿no? Quedaría mejor si estuvieran en fila, en la parte superior, como las barras de menús que suele haber en la mayoría de los sitios web.

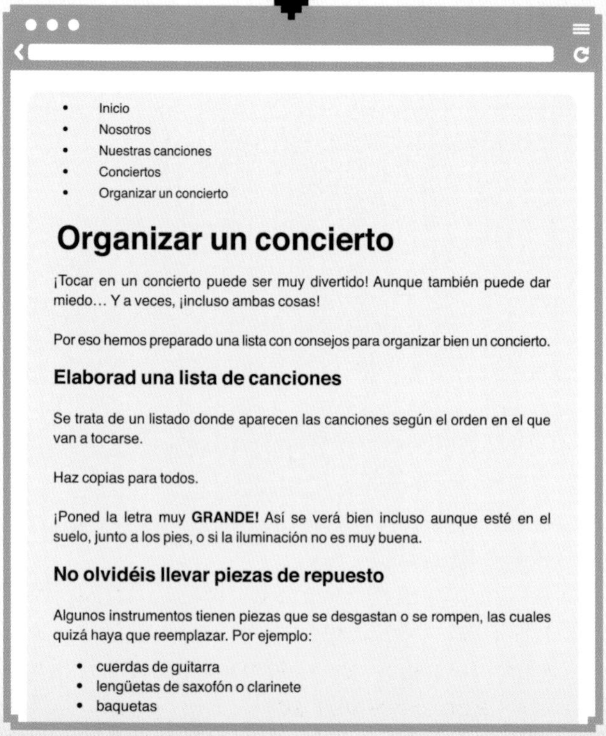

QUÉ HACER DESPUÉS

En primer lugar, trata de cambiar dos cosas:

- Añade un enlace a la página de inicio encima del enlace «Nosotros».
- A continuación, copia todos los enlaces en las otras páginas (excepto en la página de inicio, que ya los tiene).

Coloca los enlaces en el mismo sitio, delante del elemento **h1**. Ahora, todas las páginas deberían tener enlaces a las otras páginas encima del título **h1**.

Inicio
Nosotros
Nuestras canciones
Conciertos
Organizar un concierto
Organizar un concierto
¡Tocar en un concierto puede ser muy divertido! Aunque también puede dar miedo... Y a veces, ¡incluso ambas cosas!
Por eso hemos preparado una lista con consejos para organizar bien un concierto.
Elaborad una lista de canciones
Se trata de un listado donde aparecen las canciones según el orden en el que van a tocarse.
Haz copias para todos.
¡Poned la letra muy GRANDE! Así se verá bien incluso aunque esté en el suelo, junto a los pies, o si la iluminación no es muy buena.
No olvidéis llevar piezas de repuesto
Algunos instrumentos tienen piezas que se desgastan o se rompen, las cuales quizá haya que reemplazar. Por ejemplo:
cuerdas de guitarra
lengüetas de saxofón o clarinete
baquetas

<AÑADIR UN MENÚ>

Tener una lista de enlaces en la parte superior de la página queda un poco raro. En la mayoría de los sitios, estos enlaces aparecen en una barra de menús, más o menos así:

Inicio | Nosotros | Nuestras canciones | Conciertos | Organizar un concierto

Pero ¿sabes qué? Con CSS podemos convertir la lista de enlaces en un menú, y sin necesidad de cambiar el código HTML. Sólo hay que añadir el código que hay abajo a la hoja de estilo.

Gracias a él, la lista de enlaces se convierte en una barra de menús:

```
nav ul {
list-style-type:none;
background-color:#B577B5;
border: 4px solid #111111;
border-radius: 10px;
font-family:sans-serif;
font-weight:bold;
padding: 16px;
}
nav ul li {
display:inline;
border-right: 2px solid #111111;
padding-right: 8px;
padding-left: 8px;
}
nav ul li:last-child {
border-right:none;
}
nav ul li a {
text-decoration:none;
color:#111111;
}
```

- Inicio
- Nosotros
- Nuestras canciones
- Conciertos
- Organizar un concierto

Inicio | Nosotros | Nuestras canciones | Conciertos | Organizar un concierto

¡REGLAS MÁS COMPLEJAS!

En el ejemplo anterior, las reglas sólo tienen un elemento fuera de las llaves. Por ejemplo, para un único elemento **h1**, hay tres declaraciones para establecer el color, el tipo de fuente y su tamaño.

```
h1 {
color:#111111;
font-family:
sans-serif;
font-size: 32px;
}
```

```
nav ul li {
display: inline;
border-right: 2px
solid #111111;
padding-right:
8px;
}
```

Sin embargo, en el ejemplo del menú, las partes que hay fuera de las llaves son un poco más complejas. En lugar de un único elemento, hay varios separados por espacios. Piensa en ello como si fuera la dirección de una casa. Esto vale para todos los elementos **li** que estén dentro de un **ul** que, a su vez, esté dentro de un elemento **nav**.

Estas reglas sólo se usarían para listar los elementos que están dentro de otros elementos **nav**, y no para listas «normales». Para ver el efecto de cada declaración, usaremos el mismo método descrito en el consejo de la página 28: añadir las reglas vacías y después las declaraciones de una en una. Si añades las declaraciones en el orden que se indicada a continuación, entenderás mejor cómo funciona la hoja de estilo.

1.

```
nav ul {
list-style-type:none;
}
nav ul li {
}
nav ul li:last-child {
}
nav ul li a {
}
```

Elimina las viñetas de las listas que hay dentro de los elementos **nav**. Puedes cambiar su apariencia o eliminarlas con la declaración **list-style-type**.

- **list-style-type: none;** elimina las viñetas.
- **list-style-type: square;** las transforma en cuadrados.

Inicio
Nosotros
Nuestras canciones
Conciertos
Organizar un concierto

2.

```
nav ul {
list-style-type: none;
background-color:#B577B5;
}
nav ul li {
}
nav ul li:last-child {
}
nav ul li a {
}
```

Cambia el color de fondo de la lista (el elemento **ul**) a lila (el **valor hexadecimal** de ese color es **#B577B5**).

Inicio
Nosotros
Nuestras canciones
Conciertos
Organizar un concierto

3.

```
nav ul {
list-style-type: none;
background-color: #B577B5;
border: 4px solid #111111;
}
nav ul li {
}
nav ul li:last-child {
}
nav ul li a {
}
```

Añade un borde de 4 píxeles de ancho a la lista. En lugar de puntos o guiones, es continuo y de color negro (su valor hexadecimal es **#111111**). Puedes cambiar:

- El ancho del píxel del borde.
- El estilo del borde: de **solid** (continuo) a **dotted** (puntos) o **dashed** (guiones).
- El valor hexadecimal por uno que elijas con un cuentagotas en línea (página 31).

Inicio
Nosotros
Nuestras canciones
Conciertos
Organizar un concierto

4.

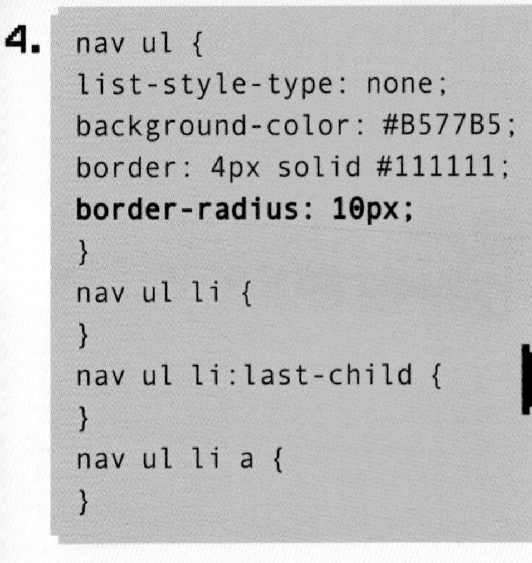

```
nav ul {
list-style-type: none;
background-color: #B577B5;
border: 4px solid #111111;
border-radius: 10px;
}
nav ul li {
}
nav ul li:last-child {
}
nav ul li a {
}
```

Añade esquinas redondeadas al borde. Intenta cambiar el valor **`border radius`** (redondear bordes) para ver qué ocurre. Prueba estos valores:

- **`5px`**
- **`20px`**

Inicio
Nosotros
Nuestras canciones
Conciertos
Organizar un concierto

Organizar un concierto

5.

```
nav ul {
list-style-type: none;
background-color: #B577B5;
border: 4px solid #111111;
border-radius: 10px;
font-family: sans-serif;
}
nav ul li {
}
nav ul li:last-child {
}
nav ul
```

Se asegura de que la fuente no sea serifa. Si no se especifica nada para **`font-family`** (tipo de letra), se mostrará la fuente del navegador por defecto. Prueba a ponerla en **`cursive`** (cursiva) o **`fantasy`** (fantasía) para ver qué ocurre.

Inicio
Nosotros
Nuestras canciones
Conciertos
Organizar un concierto

Organizar un concierto

6.

```
nav ul {
list-style-type: none;
background-color: #B577B5;
border: 4px solid #111111;
border-radius: 10px;
font-family: sans-serif;
font-weight: bold;
}
nav ul li {
}
nav ul li:last-child {
}
nav ul li a {
}
```

Hace que la fuente sea más gruesa y oscura.

Inicio
Nosotros
Nuestras canciones
Conciertos
Organizar un concierto

Organizar un concierto

¡Tocar en un concierto puede ser muy divertido! Aunque también puede dar miedo... Y a veces, ¡incluso ambas cosas!

Por eso hemos preparado una lista con consejos para organizar bien un concierto.

Elaborad una lista de canciones

Se trata de un **listado** donde aparecen las canciones según el orden en el que van a tocarse.

7.

```
nav ul {
list-style-type: none;
background-color: #B577B5;
border: 4px solid #111111;
border-radius: 10px;
font-family: sans-serif;
font-weight: bold;
padding: 16px;
}
nav ul li {
}
nav ul li:last-child {
}
nav ul li a {
}
```

Cambia el **padding** (relleno) que hay alrededor de los elementos del menú. Prueba a cambiar su valor.

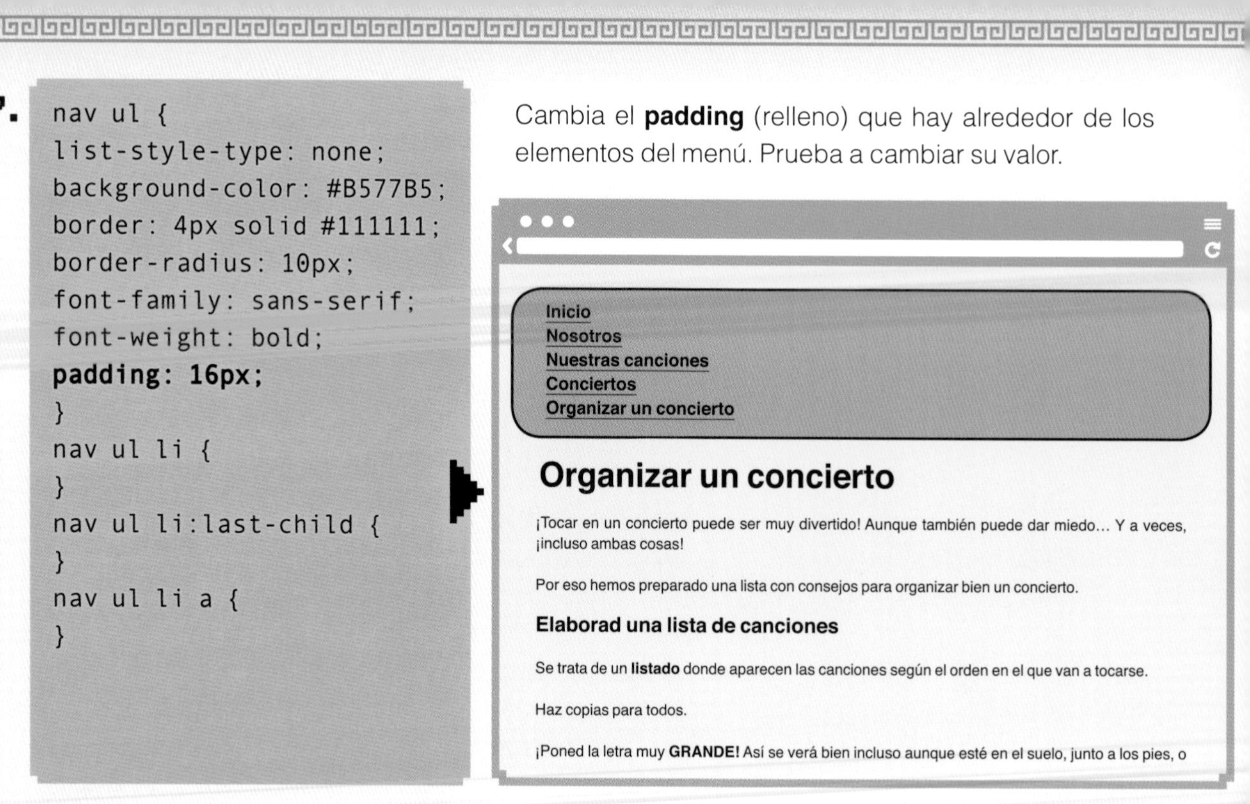

8.

```
nav ul {
list-style-type: none;
background-color: #B577B5;
border: 4px solid #111111;
border-radius: 10px;
font-family: sans-serif;
font-weight: bold;
padding: 16px;
}
nav ul li {
display: inline;
}
nav ul li:last-child {
}
nav ul li a {
}
```

Coloca los enlaces horizontalmente. Observa que aquí hemos añadido una regla nueva. La anterior comenzaba con **`nav ul`**, por lo cual todas las declaraciones dentro de la regla aplican a los elementos **`ul`** incluidos en los elementos **`nav`**. Esta regla empieza por **`nav ul li`**, que significa que todas las declaraciones del interior de la regla aplican a los elementos **`li`**, pero sólo si están dentro de un elemento **`ul`** que está dentro de un elemento **`nav`**.

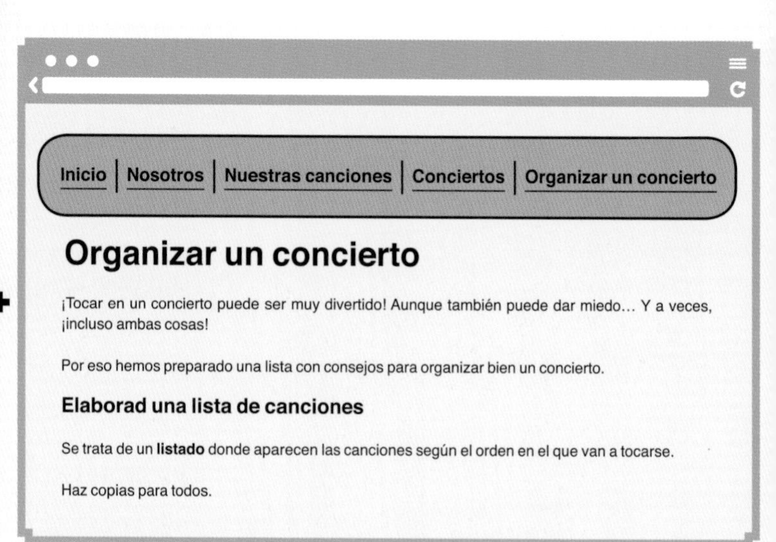

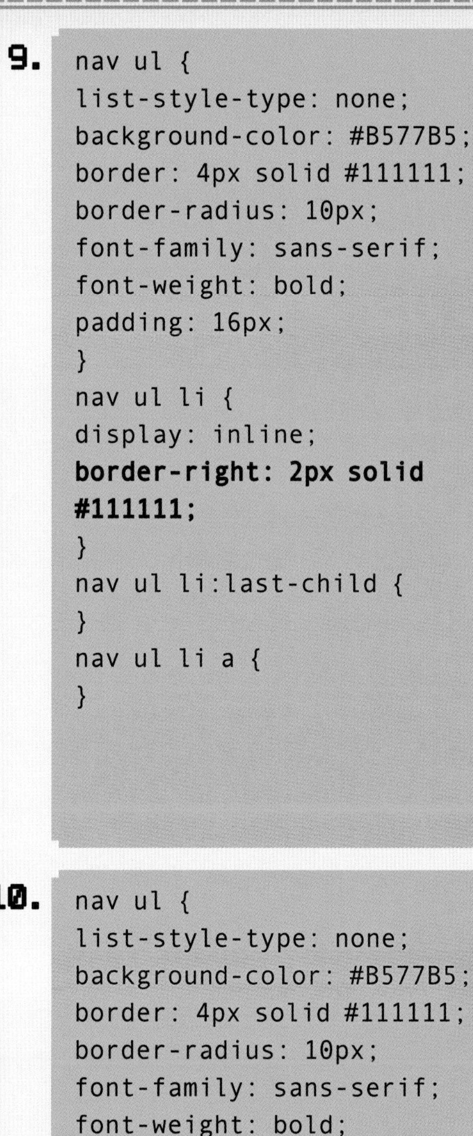

9.

```
nav ul {
list-style-type: none;
background-color: #B577B5;
border: 4px solid #111111;
border-radius: 10px;
font-family: sans-serif;
font-weight: bold;
padding: 16px;
}
nav ul li {
display: inline;
border-right: 2px solid
#111111;
}
nav ul li:last-child {
}
nav ul li a {
}
```

Añade una barra vertical de separación de 2 píxeles de ancho a la derecha de cada elemento del menú. Puedes hacerla más o menos gruesa cambiando la cifra que precede a **px**. Observa que la declaración combina tres propiedades independientes del borde: grosor, estilo y color.

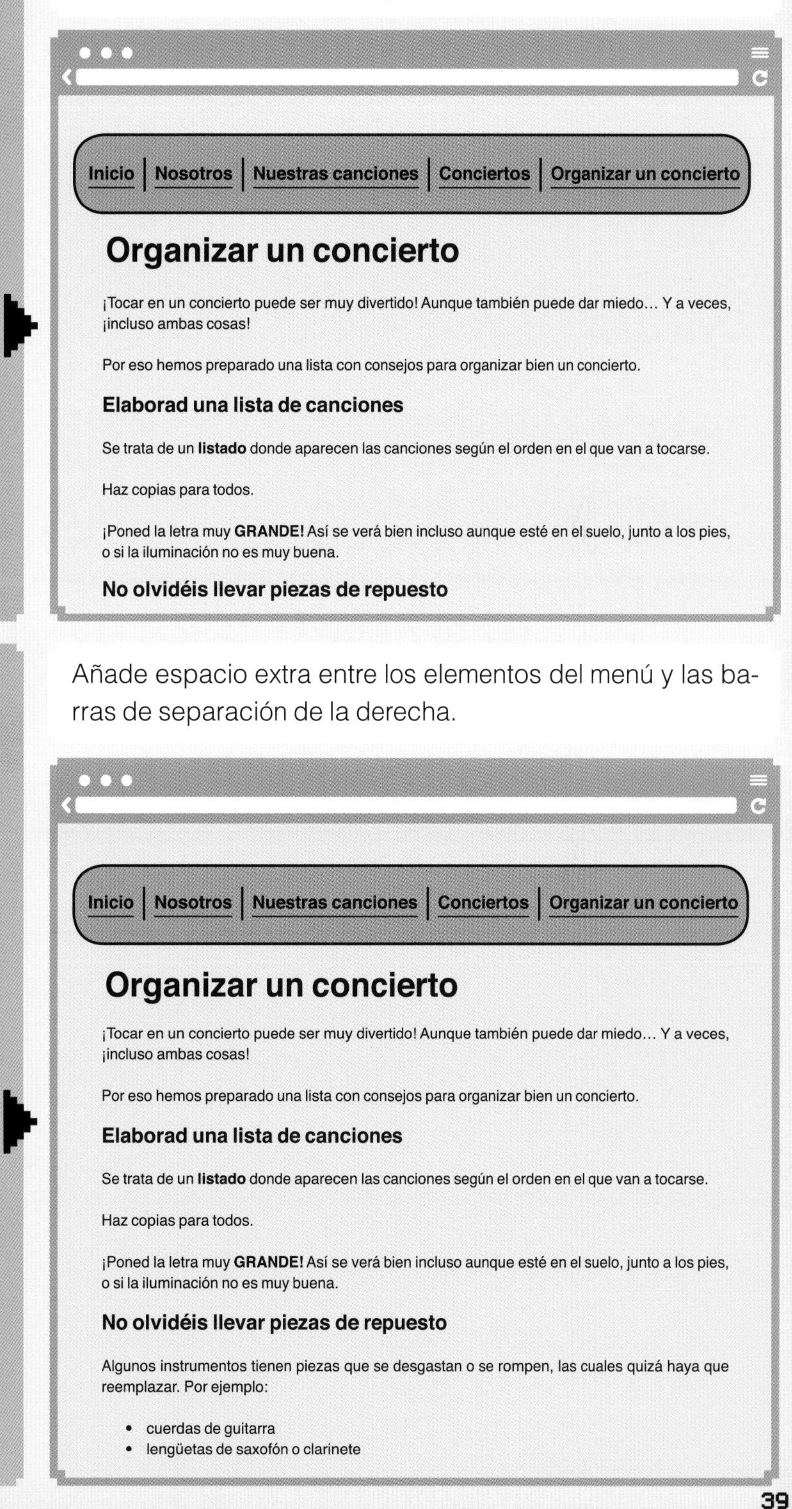

10.

```
nav ul {
list-style-type: none;
background-color: #B577B5;
border: 4px solid #111111;
border-radius: 10px;
font-family: sans-serif;
font-weight: bold;
padding: 16px;
}
nav ul li {
display: inline;
border-right: 2px solid
#111111;
padding-right: 8px;
padding-left: 8px;
}
nav ul li:last-child {
}
nav ul li a {
}
```

Añade espacio extra entre los elementos del menú y las barras de separación de la derecha.

11.

```
nav ul {
list-style-type: none;
background-color: #B577B5;
border: 4px solid #111111;
border-radius: 10px;
font-family: sans-serif;
font-weight: bold;
padding: 16px;
}
nav ul li {
display: inline;
border-right: 2px solid
#111111;
padding-right: 8px;
padding-left: 8px;
}
nav ul li:last-child {
border-right: none;
}
nav ul li a {
}
```

Elimina la última barra vertical. Como se puede ver, hemos cambiado de regla de nuevo. Ésta empieza con **`nav li ul:last-child`**. La condición last-child incluida en esta regla significa que sólo se aplicará hasta el último elemento **`li`** incluido en un elemento **`ul`** que esté, a su vez, dentro de un elemento **`nav`**.

Inicio | Nosotros | Nuestras canciones | Conciertos | Organizar un concierto

Organizar un concierto

¡Tocar en un concierto puede ser muy divertido! Aunque también puede dar miedo… Y a veces, ¡incluso ambas cosas!

Por eso hemos preparado una lista con consejos para organizar bien un concierto.

Elaborad una lista de canciones

Se trata de un **listado** donde aparecen las canciones según el orden en el que van a tocarse.

Haz copias para todos.

¡Poned la letra muy **GRANDE!** Así se verá bien incluso aunque esté en el suelo, junto a los pies, o si la iluminación no es muy buena.

12.

```
nav ul {
list-style-type: none;
background-color: #B577B5;
border: 4px solid #111111;
border-radius: 10px;
font-family: sans-serif;
font-weight: bold;
padding: 16px;
}
nav ul li {
display: inline;
border-right: 2px solid #111111;
padding-right: 8px;
padding-left: 8px;
}
nav ul li:last-child {
border-right: none;
}
nav ul li a {
text-decoration:none;
}
```

Quita el subrayado de los elementos del menú. Podemos establecer el valor de **`text-decoration`** (decoración de texto) en **`none`** (ninguno) para quitar el subrayado. La parte **`nav ul li a`** de la regla significa que se aplicará a los elementos **`a`** incluidos en los elementos **`li`** incluidos en los elementos **`ul`** que, a su vez, estén dentro de los elementos **`nav`**.

Inicio | Nosotros | Nuestras canciones | Conciertos | Organizar un concierto

Organizar un concierto

¡Tocar en un concierto puede ser muy divertido! Aunque también puede dar miedo… Y a veces, ¡incluso ambas cosas!

Por eso hemos preparado una lista con consejos para organizar bien un concierto.

Elaborad una lista de canciones

Se trata de un **listado** donde aparecen las canciones según el orden en el que van a tocarse.

Haz copias para todos.

13.

```
nav ul {
list-style-type: none;
background-color: #B577B5;
border: 4px solid #111111;
border-radius: 10px;
font-family: sans-serif;
font-weight: bold;
padding: 16px;
}
nav ul li {
display: inline;
border-right: 2px solid
#111111;
padding-right: 8px;
padding-left: 8px;
}
nav ul li:last-child {
border-right: none;
}
nav ul li a {
text-decoration:none;
color:#111111;
}
```

Hace que los enlaces sean de color negro. Para terminar el menú, hemos puesto dichos enlaces de color negro para integrarlos en el esquema de color del menú.

Inicio | Nosotros | Nuestras canciones | Conciertos | Organizar un concierto

Organizar un concierto

¡Tocar en un concierto puede ser muy divertido! Aunque también puede dar miedo… Y a veces, ¡incluso ambas cosas!

Por eso hemos preparado una lista con consejos para organizar bien un concierto.

Elaborad una lista de canciones

Se trata de un **listado** donde aparecen las canciones según el orden en el que van a tocarse.

Haz copias para todos.

¡Poned la letra muy **GRANDE!** Así se verá bien incluso aunque esté en el suelo, junto a los pies, o si la iluminación no es muy buena.

No olvidéis llevar piezas de repuesto

Algunos instrumentos tienen piezas que se desgastan o se rompen, las cuales quizá haya que reemplazar. Por ejemplo:

- cuerdas de guitarra
- lengüetas de saxofón o clarinete
- baquetas

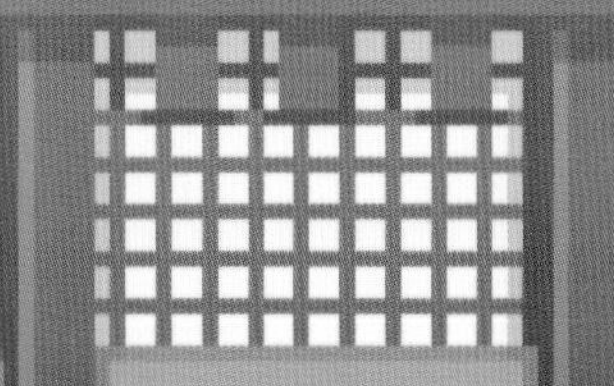

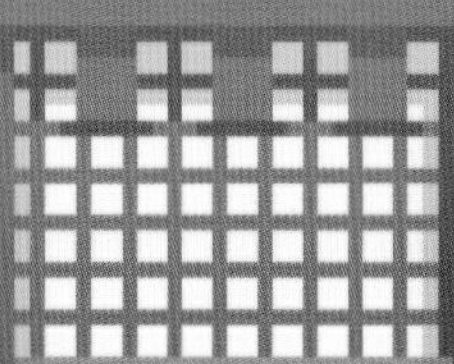

<DAR FORMATO A UNA PARTE CONCRETA DE LA PÁGINA>

¿Recuerdas que cuando añadimos el menú lo incluimos dentro de un elemento **nav**, como se ve aquí?

Al hacerlo, el código se lee mejor y tenemos la posibilidad de añadir reglas a la hoja de estilo que sólo influyen en el menú.

```
<nav>
<ul>

</ul>
</nav>
```

La regla de la derecha sólo cambia los colores de fondo de los elementos **ul** incluidos en un elemento **nav**.

```
nav ul {
background-color:#B577B5;
}
```

Esta lista tendrá un fondo de color lila:

```
<body>
<nav>
<ul>
<li><a href="inicio.html">Inicio</a></li>
<li><a href="nosotros.html">Nosotros</a></li>
<li><a href="canciones.html">Nuestras canciones</a></li>
<li><a href="conciertos.html">Conciertos</a></li>
<li><a href="organizar-concierto.html">Organizar un concierto</a></li>
</ul>
</nav>
```

Pero esta otra lista NO tendrá el fondo de color lila:

```
<body>
<ul>
<li><a href="inicio.html">Inicio</a></li>
<li><a href="nosotros.html">Nosotros</a></li>
<li><a href="canciones.html">Nuestras canciones</a></li>
<li><a href="conciertos.html">Conciertos</a></li>
<li><a href="organizar-concierto.html">Organizar
un concierto</a></li>
</ul>
```

Si añadieras la siguiente regla, los colores de fondo de ambas listas cambiarían.

```
ul {
background-
color:#B577B5;
}
```

Observa que puedes establecer reglas para ciertos elementos que sólo funcionan cuando aparecen dentro de otros elementos.

La regla de la derecha **sólo** afecta a los elementos **li** si están dentro de un elemento **ul** que, a su vez, está dentro de un elemento **nav**. Usaremos esta técnica (**selección contextual**) más adelante, cuando empecemos a diseñar páginas mucho más complejas.

```
nav ul li {
display: inline;
border-right:   2px
solid #111111;
padding-right: 8px;
}
```

<¡SOY ESPECIAL!: EL ATRIBUTO class>

Otra forma de identificar elementos con un significado especial y que deberían tener un formato determinado es utilizar un atributo **class** (clase).

VAMOS A VER CÓMO FUNCIONA ESTO ...

Los Nanonautas han pensado que van a incluir «consejos» para músicos en algunas de las páginas, y les gustaría que se distinguieran del resto, como aquí:

CONSEJO: Si te sale mal una nota o te equivocas, ¡sigue tocando como si fuera parte del plan!

Lo primero que hacen es, en la página de HTML, añadir un atributo **class** al elemento **p** que contiene el consejo, así:

```
<p class="consejo">Si te sale mal una nota o te
equivocas, ¡sigue tocando como si fuera parte del
plan!</p>
```

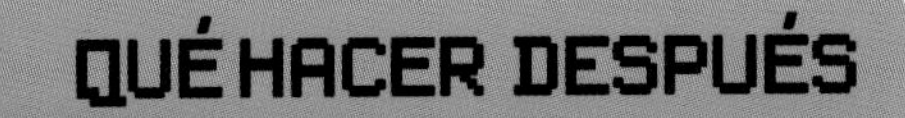

Después, los Nanonautas utilizan la hoja de estilo para darle un formato determinado a los consejos para que destaquen. Éstas son las reglas utilizadas:

```
p.consejo {
border:4px solid
#00AFEB;
border-radius:10px;
padding:16px;
background-color:
#C5EBFB;
}
p.consejo::before {
color:Black;
content:"TOP TIP: ";
font-weight:bold;
}
```

QUÉ HACER DESPUÉS

Te toca intentar añadir algún consejo a tus páginas.

- ¿Qué se supone que hace la regla **p.consejo::before**? Pista: intenta cambiar **content: "CONSEJO: ";** por **content: "¡SUPERCONSEJO! ";**
- ¿Puedes poner en naranja sólo **Consejo:**?
- ¿Y si cambias el borde continuo (**solid**) por uno discontinuo con guiones (**dashed**)?

EN NUESTRA WEB

Si quieres hacer que una página destaque de verdad, es importante que resaltes sus diferentes partes. El atributo **class** oculta un secreto con el que puedes aplicar más de una regla de formato al mismo elemento. Para saber más sobre este atributo, ve a http://nanotips.es/class.

VOCABULARIO

Atributo de clase. Ya hemos visto qué es un atributo. La mayoría de ellos sólo se pueden utilizar con determinados elementos, pero el atributo **class** es especial porque se puede aplicar a cualquier elemento HTML. Por ejemplo:

```
<p class="consejo">
<h3 class="autor">
<table class="tabla-liga-futbol">
<li class="elemento-menu-seleccionado">
```

El atributo **class** se utiliza para identificar el significado de un elemento determinado y aplicar un estilo concreto únicamente al elemento con esa particularidad.

¡BIEN HECHO!

¡MUCHA CLASE!

<VINCULAR E INSERTAR VÍDEOS>

Si estuvieras pensando en contratar a los Nanonautas para tocar en una fiesta que vas a dar, seguramente antes quisieras verlos en acción, ¿no? Pues gracias a los sitios para compartir vídeos, como YouTube o Vimeo, eso es posible. Y como los Nanonautas ya han compartido varias actuaciones en YouTube, es sólo cuestión de crear enlaces a los vídeos. Pero ¿cuál es la mejor manera de hacerlo...?

ENLAZAR CON YOUTUBE

Un método sería poner un enlace al vídeo en YouTube, de forma que si clicas en él te lleve a dicha página. Éstos son los pasos para hacerlo:

1. Ve a la página de YouTube donde está el vídeo.
2. Haz clic en el icono Compartir.
3. Haz clic en la opción Compartir.
4. Copia la **URL** que aparece en el cuadro Compartir.

Compartir

https://youtu.be/dQw4w9WgXcQ

Crea un enlace a la URL, como éste:

```
<a href="https://youtu.be/dQw4w9WgXcQ">¡Visita el canal de los Nanonautas en YouTube!</a>
```

Pero esto queda un poco soso... y además te obliga a abandonar el sitio de los Nanonautas para ir a YouTube. Sería mejor poder mostrar los vídeos en su propio sitio para verlos sin tener que abandonarlo. Por suerte, hay una manera muy fácil de hacer esto: **insertar** un vídeo.

INSERTAR UN VÍDEO DE YOUTUBE

Para insertar un vídeo, ve de nuevo a la página de YouTube donde está el vídeo y haz clic en el icono Compartir. No obstante, en este caso tienes que hacer lo siguiente:

1. Haz clic en la opción Insertar.
2. Copia el código que aparece en el cuadro Insertar.

```
<iframe width="560" height="315" src="https://www.youtube.com/embed/dQw4w9WgXcQ" frameborder="0" allowfullscreen></iframe>
```

3. Pega este código en el HTML de la página en la que quieres que aparezca el vídeo. Por ejemplo, podría aparecer después de la lista de canciones de la página Nuestras canciones.

Ahora, el código completo de la página Nuestras canciones tiene este aspecto (observa que, en comparación con la versión de la página 16, hemos añadido el menú superior):

```
<!DOCTYPE html>
<html>
<head>
<title>Nuestras canciones</title>
<link type="text/css" rel="stylesheet" href="css/hoja-estilo.css"/>
</head>
<body>
<nav>
<ul>
<li><a href="inicio.html">Inicio</a></li>
<li><a href="nosotros.html">Nosotros</a></li>
<li><a href="canciones.html">Nuestras canciones</a></li>
<li><a href="conciertos.html">Conciertos</a></li>
<li><a href="organizar-concierto.html">Organizar un concierto</a></li>
</ul>
</nav>
<h1>Nuestras canciones</h1>
<p>Ésta es una lista de las canciones que tocamos:</p>
<ul>
<li>Código partío</li>
<li>Entre dos enlaces</li>
<li>19 líneas y 500 declaraciones</li>
<li>Hoy no me puedo reiniciar</li>
<li>Programador bandido</li>
<li>La vereda del puerto de atrás</li>
</ul>
<p>¡Aquí puedes vernos tocando algunos temas!</p>
<iframe width="420" height="315" src="https://www.youtube.com/embed/
dQw4w9WgXcQ" frameborder="0"
allowfullscreen></iframe>
</body>
</html>
```

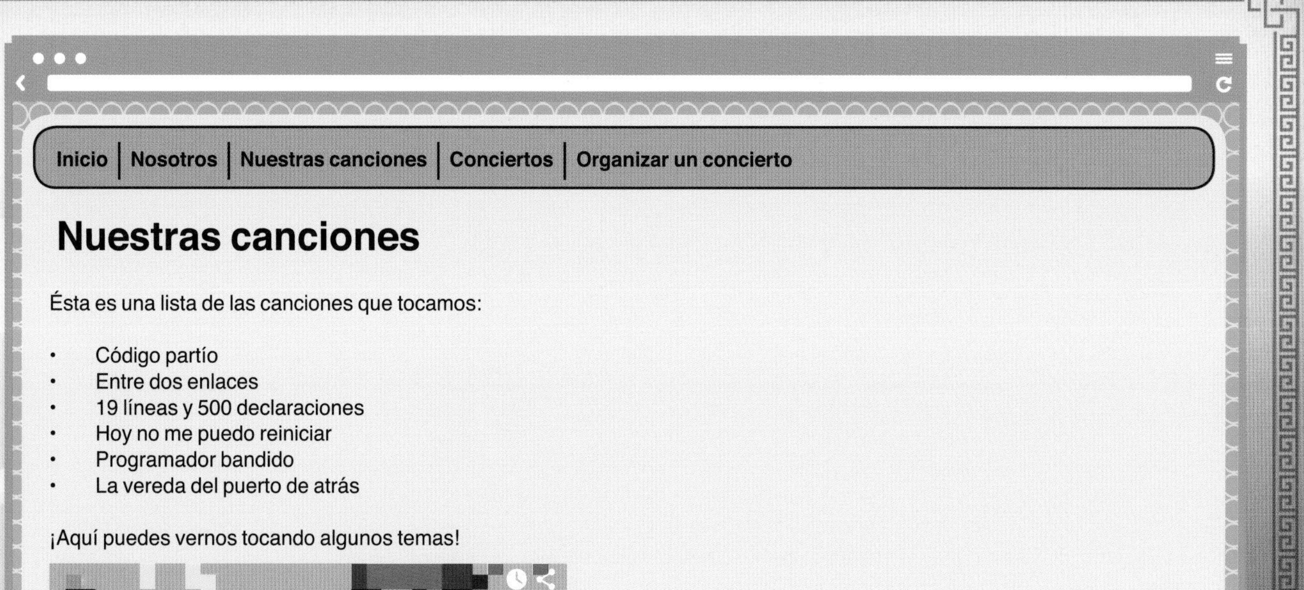

Inicio
Nosotros
Nuestras canciones
Conciertos
Organizar un concierto
Nuestras canciones
Ésta es una lista de las canciones que tocamos:
• Código partío
• Entre dos enlaces
• 19 líneas y 500 declaraciones
• Hoy no me puedo reiniciar
• Programador bandido
• La vereda del puerto de atrás
¡Aquí puedes vernos tocando algunos temas!

QUÉ HACER DESPUÉS

Busca el vídeo insertado en el código de la izquierda. ¿Puedes cambiar el tamaño? Modifica el atributo **`src`** añadiendo **`#t=1m30s`** al final:

```
src="https://www.youtube.com/embed/dQw4w9WgXcQ#t=1m30s"
```

¿Qué efecto tiene…?

EN NUESTRA WEB

En el enlace que hay a continuación encontrarás más formas de insertar vídeos: http://nanotips.es/video.

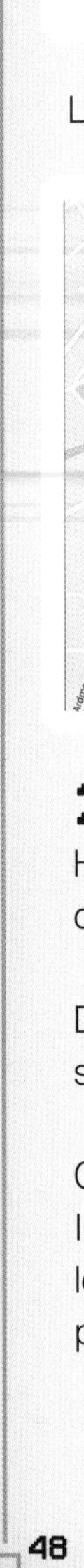

<INSERTAR UN MAPA>

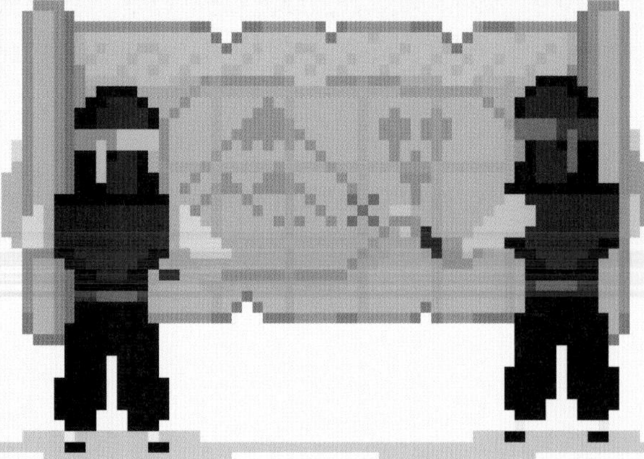

Al igual que se puede insertar un vídeo de YouTube, también se puede insertar un mapa de Google, y la forma de hacerlo es muy similar. El próximo concierto de los Nanonautas será en el templete de Seafront Park de Bray (Irlanda), su ciudad natal. Vamos a ver cómo insertar un mapa que indique la ubicación de Seafront Park.

1. LOCALIZAR EL LUGAR

Busca en Google Maps la dirección de Seafront Park:

Buscar en Google Maps

La ubicación aparecerá en el mapa indicada con un marcador rojo:

©2015 Google – Map data ©2015 Google

2. OBTENER EL CÓDIGO

Haz clic en el botón Compartir y aparecerá un cuadro de diálogo: elige la opción Insertar mapa.

Dicha opción te permite arrastrar el mapa y cambiar su tamaño hasta dar con la ubicación que quieres.

Cuando la tengas, selecciona el código de la barra Insertar y luego cópialo en el portapapeles (recuerda los atajos: **Ctrl + C**, para Windows y Linux, y **⌘ + C**, para Mac).

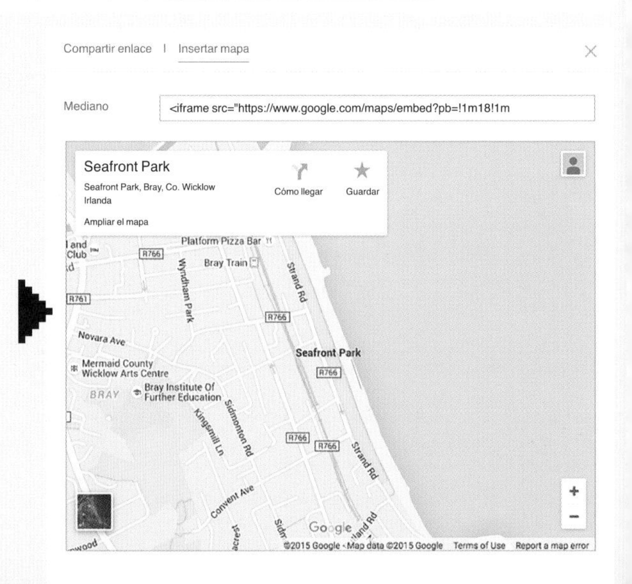

3. PEGAR EL CÓDIGO DE INSERCIÓN EN LA PÁGINA WEB

Los Nanonautas han insertado el mapa en la página «Conciertos». A continuación vemos el código de la parte principal de su página. El código del mapa está pegado después de la información sobre el concierto:

```
<h1>Conciertos </h1>
<h2>Próximos conciertos</h2>
<p>Será en el templete de Seafront Park, Bray, el sábado 18 de junio a las 16:00 h.</p>
<p>¡Entrada <strong>libre</strong>! </p>
<iframe src="https://www.google.com/maps/embed?pb=!1m18!1m12!1m3!1d2389.76841
5129388!2d-6.1004805846458385!3d53.20406939306039!2m3!1f0!2f0!3f0!3m2!1i1024!
2i768!4f13.1!3m3!1m2!1s0x4867a8680bea21b5%3A0x6c1f35aeb7249ff7!2sBray+Prom
enade%2C+Bray%2C+Co.+Wicklow%2C+Ireland!5e0!3m2!1sen!2suk!4v1450275739107"
width="600" height="450" frameborder="0" style="border:0" allowfullscreen>
</iframe>
```

Ahora el mapa aparecerá insertado en la página:

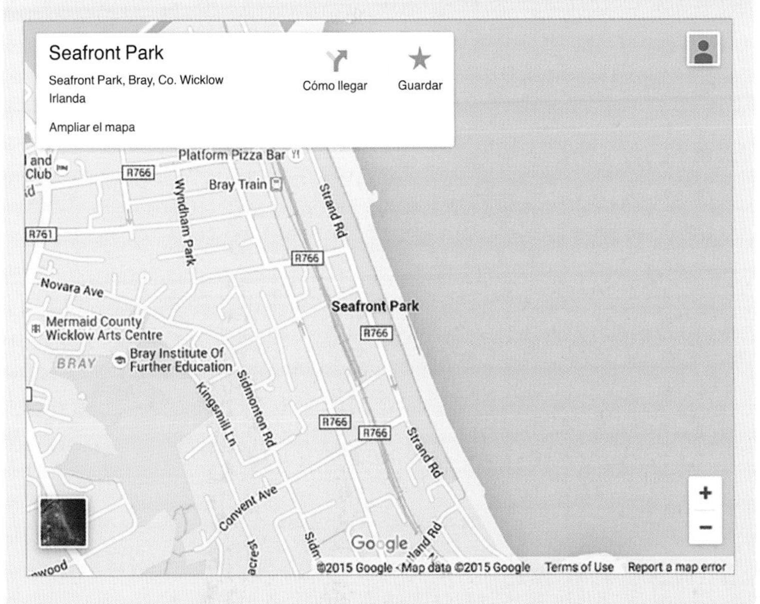

AÑADIR TABLAS

La página «Conciertos» sólo muestra información sobre la próxima actuación de los Nanonautas, pero tienen varias programadas, por lo que estaría bien que hubiera una lista de todos los conciertos que incluyera estos datos:

- La fecha del concierto
- El sitio en el que tendrá lugar
- La hora a la que tocarán los Nanonautas
- El precio de la entrada

Todo esto se podría reflejar en una tabla como la que hay a continuación:

PRÓXIMOS CONCIERTOS

Fecha	Lugar	Hora	Precio
Domingo 12 de junio	Teatro Greystones	19:30 h	5 €
Miércoles 15 de junio	Universidad Presentation, Bray	20:00 h	¡Gratis!
Sábado 10 de julio	Templete, Bray	11:00 h	¡Gratis!
Domingo 11 de julio	Templete, Bray	14:00 h	¡Gratis!
Domingo 28 de agosto	Teatro Greystones	19:30 h	5 €

LAS TABLAS EN HTML

Para saber cómo añadir la tabla a la página «Conciertos», hay que saber cómo se llama cada una de las partes que la componen, las cuales se muestran en este diagrama:

fila →	**encabezado**	**encabezado**	**encabezado**	**encabezado**
fila →	datos	datos	datos	datos
fila →	datos	datos	datos	datos
fila →	datos	datos	datos	datos
fila →	datos	datos	datos	datos
fila →	datos	datos	datos	datos

Teniendo esto en cuenta, sabemos que la fórmula para crear una tabla es la siguiente:

1. Añadir uno o más elementos de fila de tabla.

2. Rellenar todas las filas con elementos de encabezado o datos de tabla.

fila de tabla	tr
encabezado	th
datos de tabla	td

Al rellenar la tabla con el nombre de los elementos, éste es el aspecto del diagrama:

tr →	**th**	**th**	**th**	**th**
tr →	td	td	td	td
tr →	td	td	td	td
tr →	td	td	td	td
tr →	td	td	td	td
tr →	td	td	td	td

Gracias a esto podemos hacernos una idea de cómo sería el marcado de HTML si la tabla estuviera vacía:

```
<h2>Próximos conciertos</h2>
<table>
<tr>
<th></th><th></th><th></th><th></th>
</tr>
<tr>
<td></td><td></td><td></td><td></td>
</tr>
<tr>
<td></td><td></td><td></td><td></td>
</tr>
<tr>
<td></td><td></td><td></td><td></td>
</tr>
<tr>
<td></td><td></td><td></td><td></td>
</tr>
<tr>
<td></td><td></td><td></td><td></td>
</tr>
</table>
```

Esto es lo que se conoce como **esqueleto de la tabla**, ya que sólo muestra celdas vacías. Faltaría completarla con contenido.

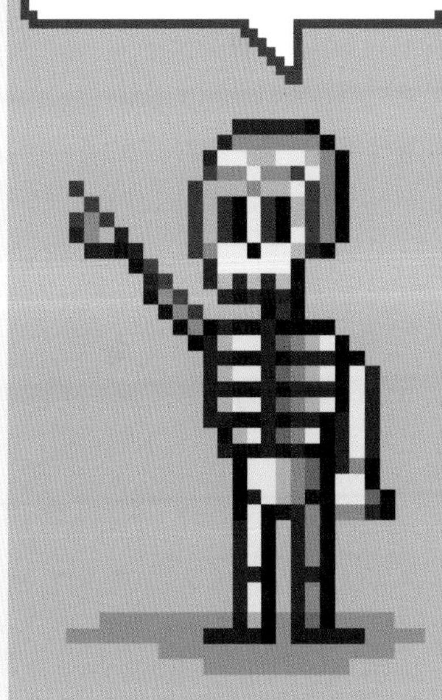

CONSEJO

Si vas a crear una tabla, lo mejor es empezar por determinar cuántas filas y columnas va a tener, para después continuar con el esqueleto; de lo contrario, puede resultar muy confuso. Cuando crees el esqueleto, asegúrate de que todas las etiquetas de inicio y de cierre estén en el lugar adecuado. Observa que hay cuatro elementos **`th`** en la primera fila y cuatro elementos **`td`** en las siguientes. Estas etiquetas están entre etiquetas **`tr`** de inicio y de cierre.

Y, por último, añadimos el contenido, de forma que el código tendrá el aspecto de abajo. Ahora que ya hay contenido, podemos actualizar la página «Conciertos» para ver el resultado.

```
<h2>Próximos conciertos</h2>
<table>
<tr><th>Fecha</th><th>Lugar</th><th>Hora</th><th>Precio</th>
</tr>
<tr>
<td>Domingo 12 de junio</td><td>Teatro</td><td>19:30 h</td><td>5 €</td>
</tr>
<tr>
<td>Miércoles 15 de junio</td><td>Universidad</td><td>20:00 h</td><td>¡Gratis!</td>
</tr>
<tr>
<td>Sábado 10 de julio</td><td>Templete</td><td>11:00 h</td><td>¡Gratis!</td>
</tr>
<tr>
<td>Domingo 11 de julio</td><td>Templete</td><td>14:00 h</td><td>¡Gratis!</td>
</tr>
<tr>
<td>Domingo 28 de agosto</td><td>Teatro</td><td>19:30 h</td><td>5 €</td>
</tr>
</table>
```

De momento está un poco desordenada, ¡pero eso se arregla enseguida haciendo unas modificaciones en la hoja de estilo!

Próximos conciertos

Fecha	Lugar	Hora	Precio
Domingo 12 de junio	Teatro	19:30 h	5 €
Miércoles 15 de junio	Universidad	20:00 h	¡Gratis!
Sábado 10 de julio	Templete	11:00 h	¡Gratis!
Domingo 11 de julio	Templete	14:00 h	¡Gratis!
Domingo 28 de agosto	Teatro	19:30 h	5 €

¡TABLAS CON ESTILO!

Para conseguir que esta tabla algo desordenada resulte más atractiva, vamos a retomar la hoja de estilo CSS. Sigue los pasos indicados a continuación: tienes que añadir las líneas a la hoja de estilo de una en una y actualizar en el navegador después de cada inserción.

1.

```
table {
font-size:70%;
}
th, td {
}
th {
}
td {
}
```

Disminuye el tamaño de la fuente del texto de la tabla. El valor introducido es un porcentaje cuya referencia es la fuente del resto de la página.

Fecha	Lugar	Hora	Precio
Domingo 12 de junio	Teatro	19:30 h	5 €
Miércoles 15 de junio	Universidad	20:00 h	¡Gratis!
Sábado 10 de julio	Templete	11:00 h	¡Gratis!
Domingo 11 de julio	Templete	14:00 h	¡Gratis!
Domingo 28 de agosto	Teatro	19:30 h	5 €

2.

```
table {
font-size:70%;
width: 100%;
}
th, td {
}
th {
}
td {
}
```

Ajusta la tabla al ancho del cuerpo.

Fecha	Lugar	Hora	Precio
Domingo 12 de junio	Teatro	19:30 h	5 €
Miércoles 15 de junio	Universidad	20:00 h	¡Gratis!
Sábado 10 de julio	Templete	11:00 h	¡Gratis!
Domingo 11 de julio	Templete	14:00 h	¡Gratis!
Domingo 28 de agosto	Teatro	19:30 h	5 €

3.

```
table {
font-size:70%;
width: 100%;
}
th, td {
border:1px solid
#000000;
}
th {
}
td {
}
```

Añade un borde de 1 píxel de ancho a todos los elementos **th** y **td** de la tabla. Observa que cada elemento tiene su propio borde. Éste no es el efecto que queremos, así que lo arreglaremos en el siguiente paso. La primera parte de la regla es **th**, **td**, donde la coma significa «aplicar esta regla a los elementos **th** y **td**».

Fecha	Lugar	Hora	Precio
Domingo 12 de junio	Teatro	19:30 h	5 €
Miércoles 15 de junio	Universidad	20:00 h	¡Gratis!
Sábado 10 de julio	Templete	11:00 h	¡Gratis!
Domingo 11 de julio	Templete	14:00 h	¡Gratis!
Domingo 28 de agosto	Teatro	19:30 h	5 €

4.

```
table {
font-size:70%;
border-collapse:
collapse;
width: 100%;
}
th, td {
border:1px solid
#000000;
}
th {
}
td {
}
```

Volvemos a la regla de la tabla y aplicamos la propiedad **`border-collapse`** a **`collapse`** para fusionar los bordes de las celdas y crear un efecto visual más bonito.

Fecha	Lugar	Hora	Precio
Domingo 12 de junio	Teatro	19:30 h	5 €
Miércoles 15 de junio	Universidad	20:00 h	¡Gratis!
Sábado 10 de julio	Templete	11:00 h	¡Gratis!
Domingo 11 de julio	Templete	14:00 h	¡Gratis!
Domingo 28 de agosto	Teatro	19:30 h	5 €

5.

```
table {
font-size:70%;
border-collapse:
collapse;
width: 100%;
}
th, td {
border:1px solid
#000000;
padding:8px;
}
th {
}
td {
}
```

Ahora añadimos un poco de relleno alrededor del texto de los elementos **`th`** y **`td`** para facilitarla lectura.

Fecha	Lugar	Hora	Precio
Domingo 12 de junio	Teatro	19:30 h	5 €
Miércoles 15 de junio	Universidad	20:00 h	¡Gratis!
Sábado 10 de julio	Templete	11:00 h	¡Gratis!
Domingo 11 de julio	Templete	14:00 h	¡Gratis!
Domingo 28 de agosto	Teatro	19:30 h	5 €

6.

```
table {
font-size:70%;
border-collapse:
collapse;
width: 100%;
}
th, td {
border:1px solid
#000000;
padding:8px;
text-align: left;
}
th {
}
td {
}
```

El encabezado queda mal, así que lo alineamos a la izquierda.

Fecha	Lugar	Hora	Precio
Domingo 12 de junio	Teatro	19:30 h	5 €
Miércoles 15 de junio	Universidad	20:00 h	¡Gratis!
Sábado 10 de julio	Templete	11:00 h	¡Gratis!
Domingo 11 de julio	Templete	14:00 h	¡Gratis!
Domingo 28 de agosto	Teatro	19:30 h	5 €

7.

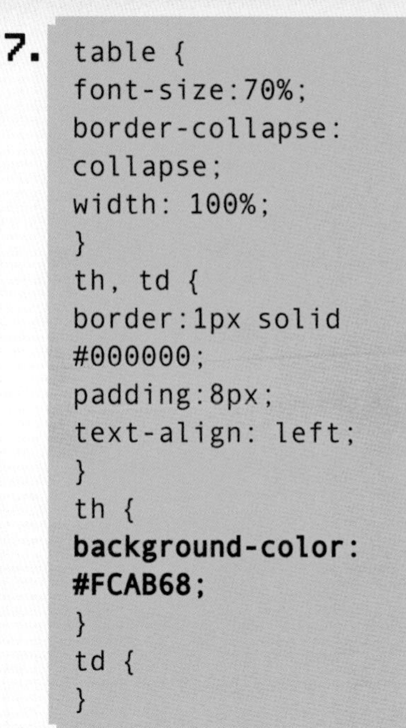

```
table {
font-size:70%;
border-collapse:
collapse;
width: 100%;
}
th, td {
border:1px solid
#000000;
padding:8px;
text-align: left;
}
th {
background-color:
#FCAB68;
}
td {
}
```

Ahora queremos destacar la fila de encabezados, por lo que cambiamos el color de fondo. Usamos un tono naranja que complementa el color de fondo de la tabla (el valor hexadecimal de dicho color es **#FCAB68**).

Fecha	Lugar	Hora	Precio
Domingo 12 de junio	Teatro	19:30 h	5 €
Miércoles 15 de junio	Universidad	20:00 h	¡Gratis!
Sábado 10 de julio	Templete	11:00 h	¡Gratis!
Domingo 11 de julio	Templete	14:00 h	¡Gratis!
Domingo 28 de agosto	Teatro	19:30 h	€5.00

8.

```
table {
font-size:70%;
border-collapse:
collapse;
width: 100%;
}
th, td {
border:1px solid
#000000;
padding:8px;
text-align: left;
}
th {
background-color:
#FCAB68;
}
td {
background-color:
#BA99C0;
}
```

Por último, decidimos cambiar el color de fondo de la parte principal de la tabla por un tono de morado más oscuro (**#BA99C0**).

Fecha	Lugar	Hora	Precio
Domingo 12 de junio	Teatro	19:30 h	5 €
Miércoles 15 de junio	Universidad	20:00 h	¡Gratis!
Sábado 10 de julio	Templete	11:00 h	¡Gratis!
Domingo 11 de julio	Templete	14:00 h	¡Gratis!
Domingo 28 de agosto	Teatro	19:30 h	5 €

Para saber más sobre los colores y cómo elegirlos, vuelve a la página 30.

NOSOTROS TE GUIAMOS

FORMATEAR EL MENÚ

Los Nanonautas quieren hacer algunos cambios en el menú superior para que a los usuarios del sitio les resulte más fácil ir de una página a otra. Les gustaría hacer dos cosas:

- Al llegar, por ejemplo, a Conciertos, quieren que dicho elemento se torne gris claro en vez de negro. Además, no sería posible hacer clic, porque el usuario ya estaría en esa página.

Inicio | Nosotros | Nuestras canciones | Conciertos | Organizar un concierto

- Al desplazar el cursor por encima de los otros elementos, quieren que los enlaces aparezcan subrayados para indicar que se puede hacer clic.

Inicio | Nosotros | Nuestras canciones | Conciertos | Organizar un concierto

Para dar estos formatos a los enlaces, tienes que editar los archivos HTML y el archivo CSS:

1. En todos los archivos HTML, elimina los enlaces de cada menú que lleven a esa misma página. Por ejemplo, en la página **nosotros.html**, elimina el enlace **<a href="nosotros.html">**; en la página **organizar-concierto.html**, elimina el enlace **<a href = "organizar-concierto.html">**, y así sucesivamente.

2. Añade un atributo **class** con valor **seleccionado** a los elementos **li** en los que eliminaste el enlace. Ambos cambios se muestran en las siguientes tablas:

Antes de editar el código

nosotros.html

```
<nav>
<ul>
<li><a href="inicio.html">Inicio
</a></li>
<li><a href="nosotros.html">
Nosotros</a></li>
<li><a href="canciones.html">
Nuestras canciones</a></li>
<li><a href="conciertos.html">
Conciertos</a></li>
<li><a href="organizar-concierto.html">
Organizar un concierto</a></li>
</ul>
</nav>
```

Después de editar el código

```
<nav>
<ul>
<li><a href="inicio.html">Inicio
</a></li>
<li class="seleccionado">Nosotros
</li>
<li><a href="canciones.html">
Nuestras canciones</a></li>
<li><a href="conciertos.html">
Conciertos</a></li>
<li><a href="organizar-concierto.html">
Organizar un concierto</a></li>
</ul>
</nav>
```

nuestras-canciones.html

```
<nav>
<ul>
<li><a href="inicio.html">Inicio
</a></li>
<li><a href="nosotros.html">
Nosotros</a></li>
<li><a href="canciones.
html">Nuestras canciones</a></li>
<li><a href="conciertos.html">
Conciertos</a></li>
<li><a href="organizar-concierto.html">
Organizar un concierto</a></li>
</ul>
</nav>
```

```
<nav>
<ul>
<li><a href="inicio.html">Inicio
</a></li>
<li><a href="nosotros.html">
Nosotros</a></li>
<li class="seleccionado">Nuestras
canciones</li>
<li><a href="conciertos.html">
Conciertos</a></li>
<li><a href="organizar-concierto.html">
Organizar un concierto</a></li>
</ul>
</nav>
```

conciertos.html

```
<nav>
<ul>
<li><a href="inicio.html">Inicio
</a></li>
<li><a href="nosotros.html">
Nosotros</a></li>
<li><a href="canciones.html">
Nuestras canciones</a></li>
<li><a href="conciertos.html">
Conciertos</a></li>
<li><a href="organizar-concierto.html">
Organizar un concierto</a></li>
</ul>
</nav>
```

```
<nav>
<ul>
<li><a href="inicio.html">Inicio
</a></li>
<li><a href="nosotros.html">
Nosotros</a></li>
<li><a href="canciones.html">
Nuestras canciones</a></li>
<li class="seleccionado">Conciertos
</li>
<li><a href="organizar-concierto.
html">Organizar un concierto</a></li>
</ul>
</nav>
```

organizar-concierto.html

```
<nav>
<ul>
<li><a href="inicio.html">Inicio
</a></li>
<li><a href="nosotros.html">
Nosotros</a></li>
<li><a href="canciones.html">
Nuestras canciones</a></li>
<li><a href="conciertos.html">
Conciertos</a></li>
<li><a href="organizar-concierto.
html">Organizar un concierto</a></li>
</ul>
</nav>
```

```
<nav>
<ul>
<li><a href="inicio.html">Inicio
</a></li>
<li><a href="nosotros.html">
Nosotros</a></li>
<li><a href="canciones.html">
Nuestras canciones</a></li>
<li><a href="conciertos.html">
Conciertos</a></li>
<li class="seleccionado">Organizar
un concierto</li>
</ul>
</nav>
```

3. Una vez realizados los cambios, actualiza la página en el navegador. Observa que ya no se puede hacer clic en el elemento del menú modificado. Añadir el atributo **`class`** no implica nada por sí solo (si actualizas el menú, verás que sigue igual), pero hacerlo te permite identificar el enlace en el archivo **`hoja-estilo.css`** y cambiar el color a gris para dar a entender que no se puede hacer clic. Así:

hoja-estilo.css

```
nav ul li a {
text-decoration:none;
}
```

▶

```
nav ul li a {
text-decoration:none;
}
nav li.seleccionado {
color: #606060;
}
```

4. Actualiza la página y verás que el enlace seleccionado cambia a gris. Lo que has hecho es añadir una regla nueva que influye únicamente en los elementos li con un atributo **`class`** de **`seleccionado`**. Observa la sintaxis del archivo CSS: en vez de especificar **`li`** en la regla, se especifica **`li.seleccionado`**.

CONSEJO

`nav li.seleccionado` significa «`elementos li` con un atributo class de `seleccionado` incluidos en elementos `nav`».

5. Por último, para hacer que los enlaces aparezcan subrayados cuando se desplaza el cursor por encima de un elemento, hay que añadir una nueva regla a la CSS que defina dicha acción.

▶

```
nav li a:hover {
text-decoration:
underline;
}
```

La parte **`:hover`** del selector se denomina **pseudoclase**. Ésta modifica la apariencia de un elemento en determinadas situaciones. Para dar formato a los enlaces, existen las siguientes pseudoclases:

unvisited	Establece cómo se verá el vínculo antes de visitar el destino de un enlace.
visited	Establece cómo se verá el vínculo después de visitar el destino de un enlace.
hover	Establece cómo se verá un elemento cuando se pase el cursor por encima.
active	Establece qué ocurrirá entre que haces clic en el enlace y sueltas el ratón.

Las reglas para dar formato a los enlaces irían así:

```
a:link {
color: blue;
}
a:visited {
color: purple;
}
a:hover {
text-decoration: underline;
}
a:active {
text-decoration: underline;
background-color: black;
color: white;
}
```

¡TERMINADO!

QUÉ HACER DESPUÉS

- Juguetea con las diferentes formas de dar formato a los enlaces.
- Modifica las reglas del ejemplo para ver qué efecto tienen.

EL MODELO DE CAJA DE CSS

Cuando utilizas una hoja de estilo CSS para dar formato a tu página, existe un secreto para entender cómo funciona CSS: el **modelo de caja**. Consiste en imaginar que cualquier elemento HTML está dentro de una caja dividida en tres áreas:

- relleno
- borde
- margen (espacio entre una caja y la siguiente)

A continuación se puede ver una representación gráfica:

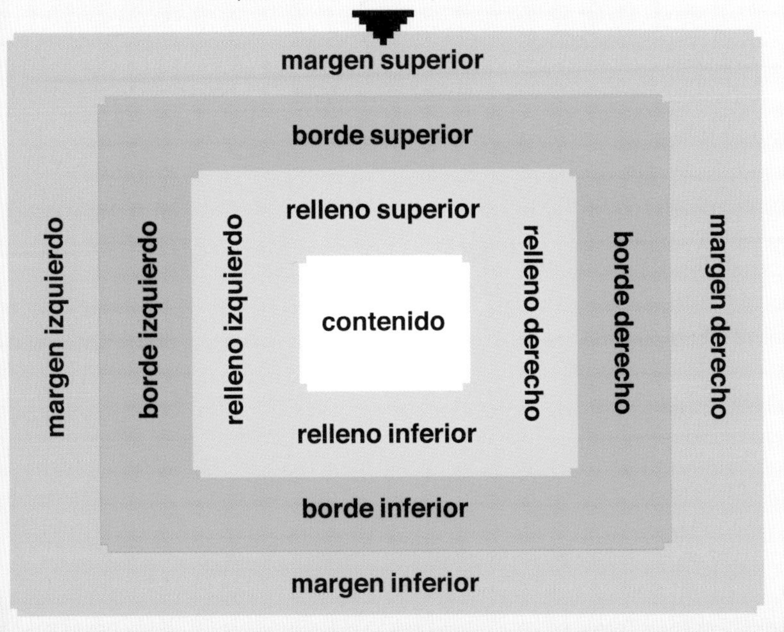

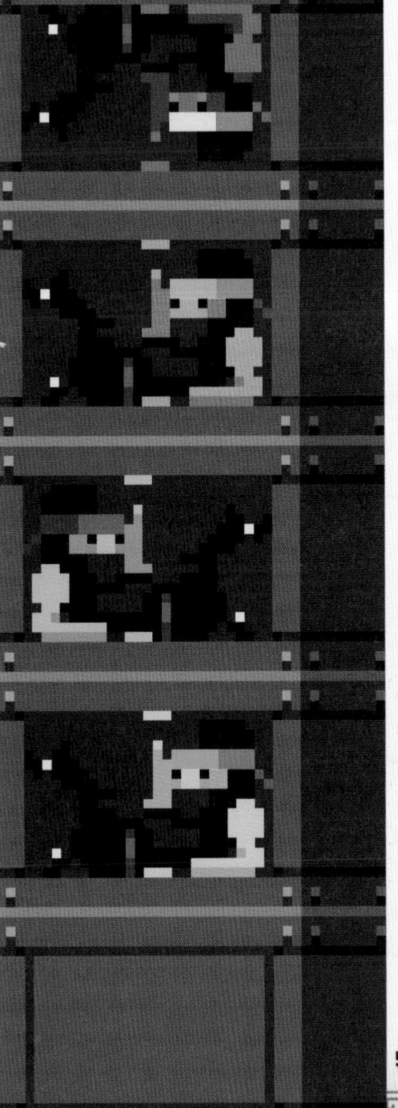

Con CSS puedes cambiar las diferentes partes de la caja de forma independiente. Por ejemplo, puedes modificar la apariencia de títulos y párrafos de forma radical simplemente configurando las propiedades de relleno y espaciado.

Además de poder modificar el tamaño de las diferentes partes de la caja, también puedes cambiar los colores. Muchos de los efectos visuales que suelen verse en las páginas web se crean de esta forma.

¡CONOCE A LOS NANONAUTAS!

Otra cosa que puedes cambiar es el tamaño global de la caja, mediante el establecimiento de su anchura o altura. Los elementos que se utilizan para albergar palabras o frases cortas, como **`em`** o **`strong`**, se llaman **elementos de línea**; en los **elementos de línea**, la caja se sitúa alrededor de la palabra o frase. Y en los elementos que se utilizan para albergar párrafos enteros, llamados elementos de bloque, la caja generalmente se extiende a lo largo de toda la superficie de la página.

Estas <u>cajas</u> se han *dibujado* alrededor de elementos **de línea**

- Esta caja se ha dibujado alrededor de un elemento de bloque.

Las tablas de la derecha indican qué elementos habituales suelen ser de bloque y cuáles de línea:

LÍNEA	
`a`	`h1-h6`
`em`	`p`
`strong`	`ul`, `ol`
	`li`

Decimos *suelen* porque, si es necesario, esto se puede cambiar en la hoja de estilo. Ya lo hicimos anteriormente, en el paso 8 del ejemplo que ilustra cómo dar formato al menú (página 38), cuando modificamos los elementos **`li`** incluidos en el menú para que aparecieran uno al lado del otro en vez de uno encima del otro. Para ello aplicamos la propiedad **`display`** a **`inline`**, así:

```
nav ul li {
display: inline;
}
```

AÑADIR UN AFINADOR DE GUITARRA

INSERTAR UN PROYECTO DE SCRATCH

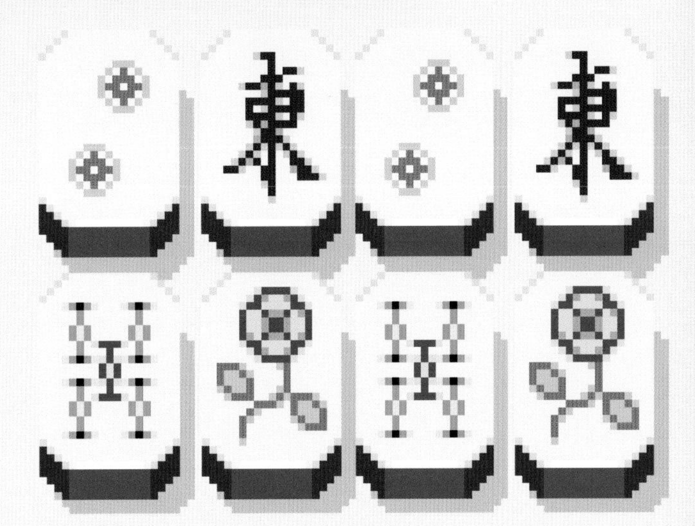

Después de ver lo fácil que es insertar vídeos y mapas, Holly se preguntó si sería posible insertar un afinador de guitarra en el sitio. Pero ¿dónde podría conseguirlo? Entonces se acordó de que su hermana había aprendido a crear juegos en CoderDojo con el lenguaje de programación Scratch. Buscó *afinador de guitarra* en el sitio y encontró un montón.

Dio con uno que le gustó, ¡pero no existía la opción de insertarlo! Por suerte, su hermana le echó un cable: hay que iniciar sesión en Scratch para poder ver la opción Insertar en la barra de información de la parte inferior del juego. Éste es el código de inserción del afinador que más le gustó:

```
<iframe allowtransparency="true"
width="485" height="402" src="//
scratch.mit.edu/projects/
embed/16403918/? autostart=false"
frameborder="0" allowfullscreen></
iframe>
```

Afinador de guitarra

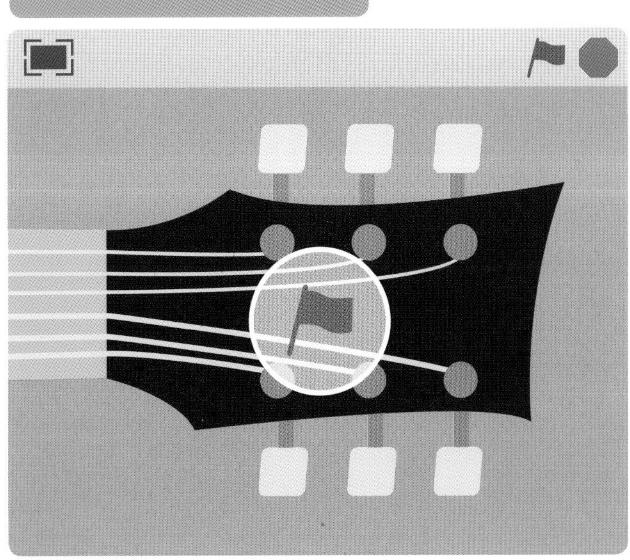

Ten en cuenta que el afinador sólo aparecerá si tu página web está en Internet. Para saber más sobre cómo hacer esto, ve a la página 90.

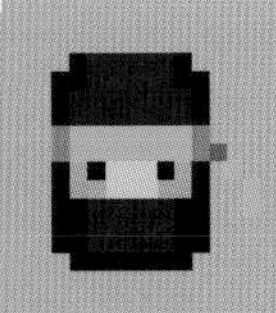

VOCABULARIO

iframe. Este elemento te permite incluir contenido de otro sitio en tu página. Lo que haces es especificar dónde encontrar el contenido mediante la introducción de una URL en el atributo **`src`** del marco incorporado.

JAVASCRIPT

Cuando desarrollas un sitio web, antes o después te topas con **JavaScript**. Se trata de un lenguaje de programación que te permite añadir toda clase de efectos y características especiales a tus páginas, como juegos, gráficos o animaciones. No tenemos suficiente espacio en este libro para hablar de todo lo que se puede hacer con JavaScript, pero queremos mostrarte un ejemplo para que te hagas una idea. Vamos a utilizar una sencilla función que cambia una imagen por otra.

El JavaScript oculto que permite cambiar las imágenes está incrustado en una página. Decimos incrustado porque el JavaScript propiamente dicho está en el cuerpo de la página, en el interior del elemento **script**. (Si quisieras, también podrías poner el código JavaScript en un archivo independiente. Para más información sobre esto y sobre JavaScript en general, ve a http://nanotips.es/javascript.)

```
<!DOCTYPE HTML>
<html>
<head>
<link type="text/css" rel="stylesheet" href="css/hoja-estilo.css"/>
</head>
<body>
<p>
<img id="mostrar-imagen" onclick="cambiarImagen()" src="imagenes/01.png"
width="180" height="180"/>
</p>
<p>¡Clica para cambiar de imagen!</p>
<script>
function cambiarImagen() {
var imagenMostrada = document.getElementById('mostrar-imagen');
if (imagenMostrada.src.match("imagenes/01.png")) {
imagenMostrada.src = "imagenes/02.png";
}
else {
imagenMostrada.src = "imagenes/01.png";
}
}
</script>
</body>
</html>
```

Si observas el código anterior, verás que el elemento **img** tiene un atributo llamado **onclick** con valor **cambiarImagen()**.

Click the image to change it!

Click the image to change it!

El objetivo del atributo **onclick** es incluir el nombre de una **función** que será necesaria cuando se haga clic en la imagen. Función es el nombre que reciben ciertos códigos que realizan una tarea útil. En este caso, la función **cambiarImagen()** está dentro del elemento **script**, y hace que comiencen una serie de procesos que ocurren de la siguiente manera:

1. Cuando se hace clic en una imagen, la función **cambiarImagen()** se pone en marcha:

```
<img id="mostrar-imagen" onclick="cambiarImagen()" src="imagenes/01.png"
width="180" height="180"/>
```

2. Esto hace que la imagen (identificada por **id**, del inglés **display-image** 'mostrar-imagen') esté disponible para el **script** como una **variable** (**var**) llamada **imagenMostrada**. (El atributo **id** te permite dar un nombre de identificación único a un elemento.)

```
var imagenMostrada = document.getElementById('mostrar-imagen');
```

3. Si la fuente (**src**) de la variable **imagenMostrada** está configurada como **imagenes/01.png**, la función la cambiará a **imagenes/02.png**.

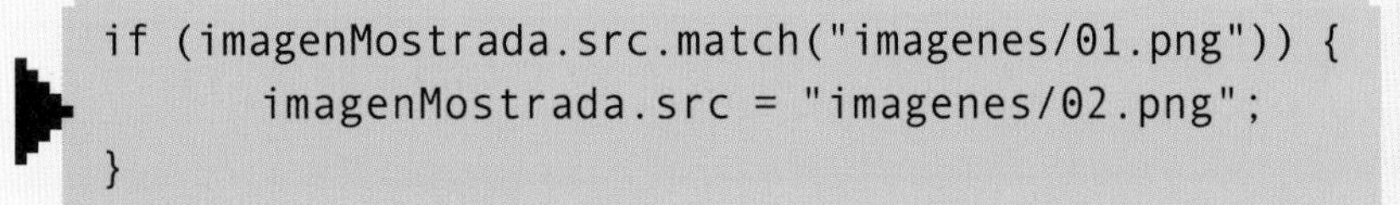

```
if (imagenMostrada.src.match("imagenes/01.png")) {
        imagenMostrada.src = "imagenes/02.png";
}
```

4. Pero si la fuente (**src**) de la variable **imagenMostrada** está configurada como **imagenes/02.png**, entonces cambiará a **imagenes/01.png**.

```
else {
        imagenMostrada.src = "imagenes/01.png";
        }
```

ORGANIZAR LAS PÁGINAS

Hasta ahora hemos visto elementos HTML que se utilizan para marcar texto, es decir, para organizar títulos, párrafos, listas y tablas. Pero muchas páginas web hablan de varios temas diferentes en una misma página. Vamos a imaginar que los Nanonautas quieren que su página «Nosotros» resulte más interesante.

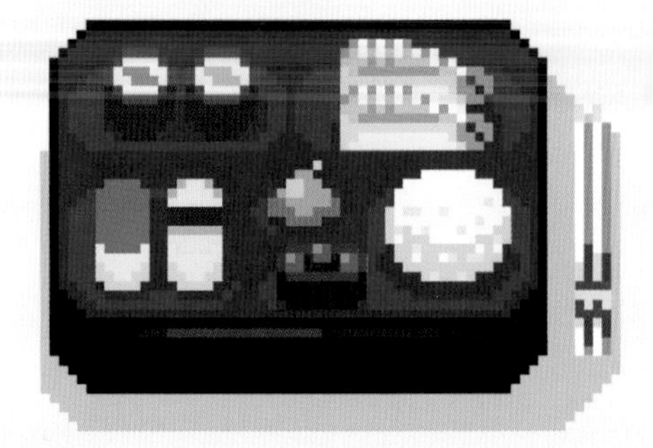

Han pensado que les gustaría mostrar lo siguiente:

- Una pequeña descripción de cada componente
- Un anuncio de su nuevo CD
- Un anuncio de su nueva camiseta
- Información sobre su próximo concierto

La disposición de la página tendría este aspecto:

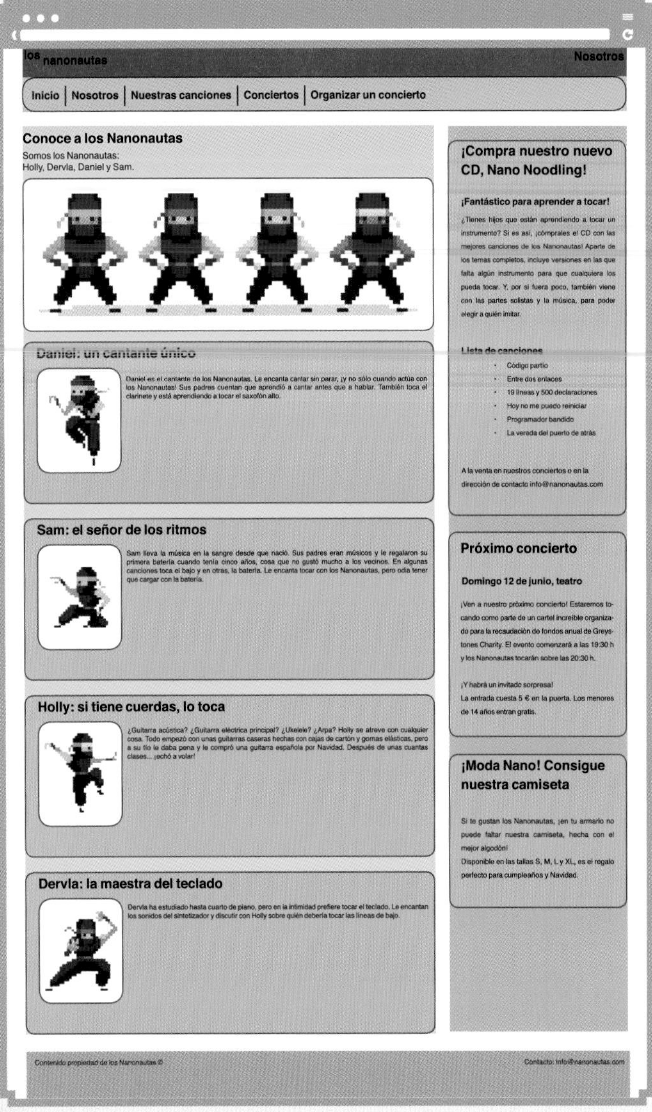

Para que los Nanonautas puedan organizar la página más fácilmente, existen los **elementos estructurales** de HTML. Éstos permiten distribuir una página de forma que sea más fácil ver dónde empieza o dónde termina algo. Entre los más utilizados están `header`, `nav`, `article`, `section`, `aside` y `footer`.

Usar estos elementos facilita la organización del código y también te da un mayor control sobre la apariencia de la página.

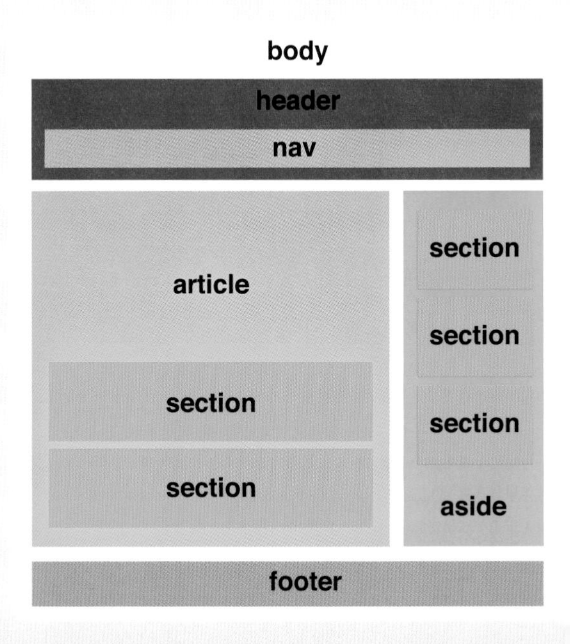

También se puede utilizar la técnica del **diseño adaptable** para organizar de forma automática el contenido de estos elementos estructurales, de forma que la página se vea bien tanto en un teléfono móvil o una tableta como en un ordenador portátil o uno de sobremesa. Por ejemplo, si estás viendo una página en un móvil, podrían aparecer anuncios al final del texto principal. Pero en la pantalla de un ordenador de sobremesa los anuncios podrían aparecer en un lateral del contenido principal.

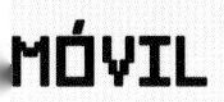

TABLETA

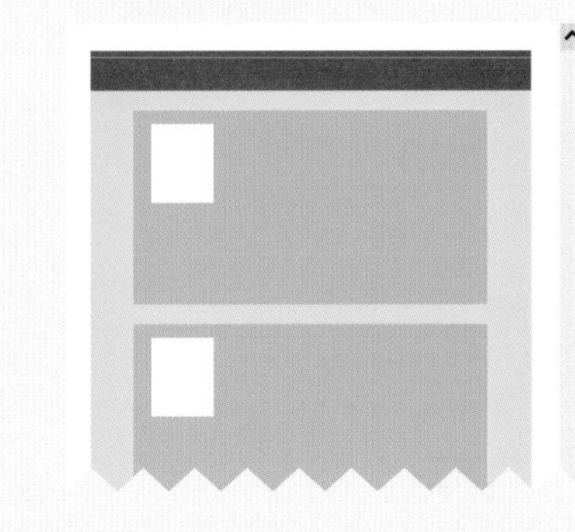

ORDENADOR DE SOBREMESA

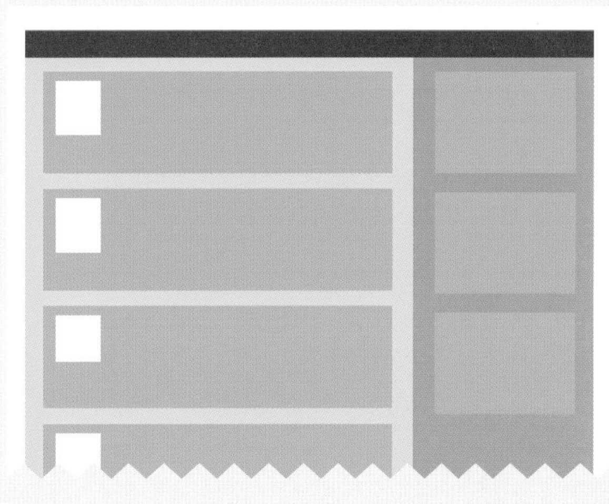

Veamos estos elementos de uno en uno.

CABECERA

El elemento **header** (cabecera) normalmente contiene el logotipo y el título de la página web. Como sugiere su nombre, por lo general se encuentra en la parte superior de la página. A veces, este elemento también contiene el elemento **nav**.

los nanonautas
Nosotros
Inicio | Nosotros | Nuestras canciones | Conciertos | Organizar un concierto
Conoce a los Nanonautas

NAVEGACIÓN

En el caso de la página de los Nanonautas, ellos han utilizado el elemento **nav** (navegación) para comprender el menú de navegación principal de la página web. Observa también que el elemento **nav** se encuentra dentro del elemento **header**.

los nanonautas
Nosotros
Inicio | Nosotros | Nuestras canciones | Conciertos | Organizar un concierto
Conoce a los Nanonautas
Somos los Nanonautas:
Holly, Dervla, Daniel y Sam.

ARTÍCULO

El elemento **`article`** (artículo) se utiliza para albergar un elemento de contenido independiente, es decir, una sección que tiene sentido por sí sola, sin el resto de la página. Puede haber artículos dentro de otros artículos, ¡como las muñecas rusas!

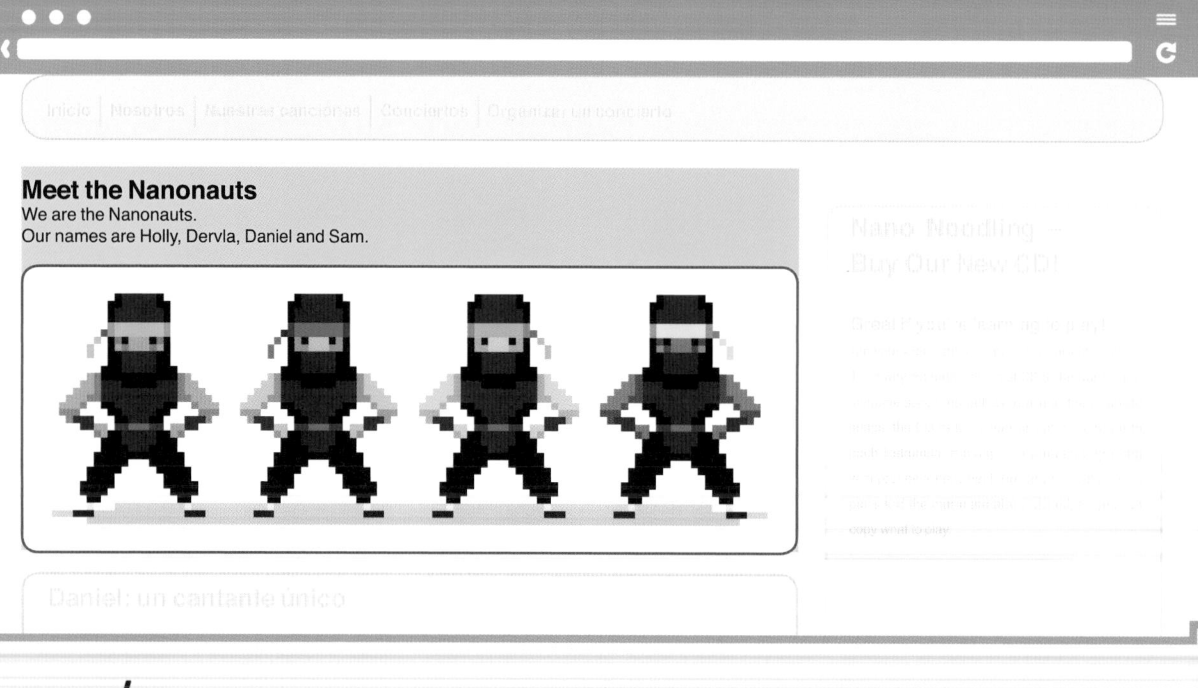
Inicio | Nosotros | Nuestras canciones | Conciertos | Organizar un concierto
Meet the Nanonauts
We are the Nanonauts.
Our names are Holly, Dervla, Daniel and Sam.
Daniel: un cantante único

SECCIÓN

El elemento **`section`** (sección) se utiliza para dividir un objeto grande en secciones más pequeñas. Cada una debe tener un subtítulo y formar parte del artículo principal. Dentro de «Conoce a los Nanonautas», cada biografía podría estar en una sección diferente. Este elemento también se puede usar para dividir la barra lateral en secciones (ver la página siguiente).

Daniel: un cantante único

Daniel es el cantante de los Nanonautas. Le encanta cantar sin parar, ¡y no sólo cuando actúa con los Nanonautas! Sus padres cuentan que aprendió a cantar antes que a hablar. También toca el clarinete y está aprendiendo a tocar el saxofón alto.

Lista de canciones

BARRA LATERAL

El elemento **aside** (barra lateral) se utiliza para albergar contenido que en realidad no es parte del tema principal de la página. Por ejemplo, es normal ver anuncios o información sobre eventos destacados. Este tipo de contenido se puede ubicar en un elemento **aside**. En el caso de la página «Nosotros», tanto los anuncios del CD y la camiseta como la información sobre el próximo concierto podrían estar en un **aside**.

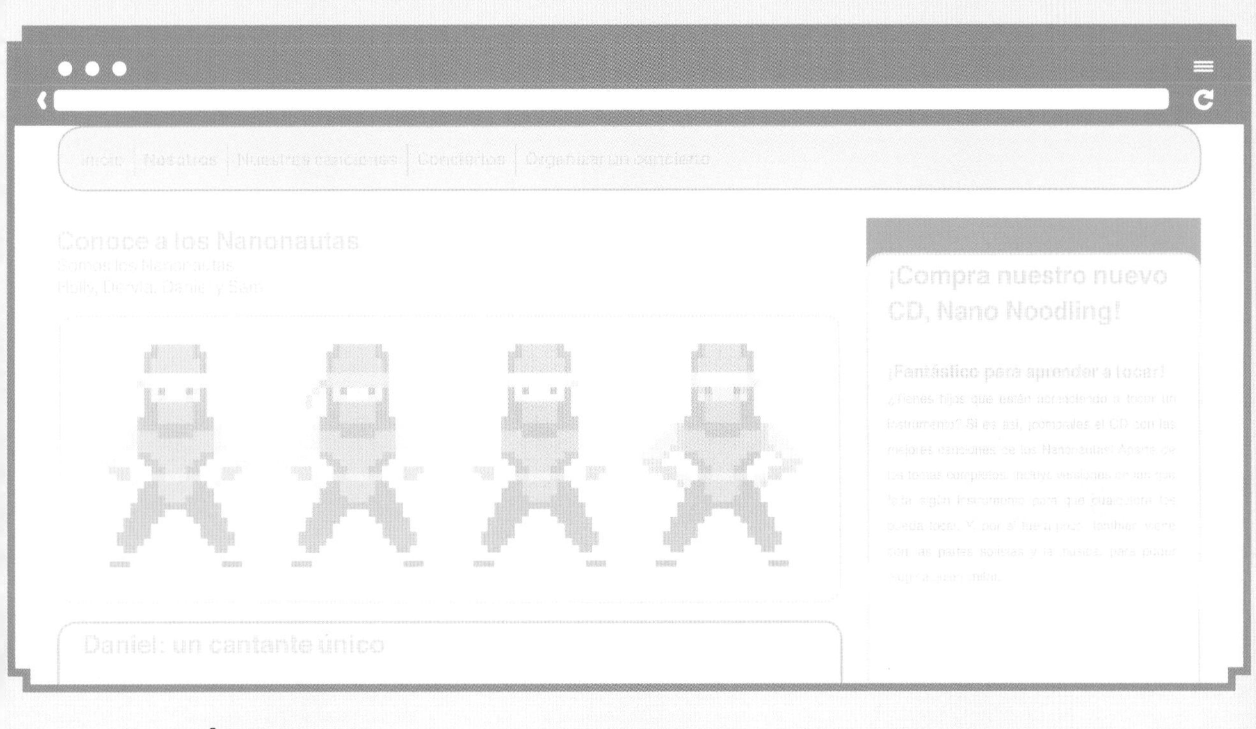

PIE DE PÁGINA

El elemento footer (pie de página) se utiliza para albergar el contenido que aparece en la parte inferior de una página. Puede ser el mismo en todas. Es muy habitual que contenga un aviso sobre los derechos de propiedad, y, a veces, también información de contacto, como una dirección de correo electrónico o un número de teléfono.

Contenido propiedad de los Nanonautas ©

Contacto: info@nanonautas.com

LOS ELEMENTOS ESTRUCTURALES

LA PÁGINA «NOSOTROS»

En estos momentos, los Nanonautas tienen un esquema básico de su sitio, pero quieren hacer que las páginas independientes resulten más atractivas. Van a empezar añadiendo la información extra descrita en la última sección a la página «Nosotros».

De esto...

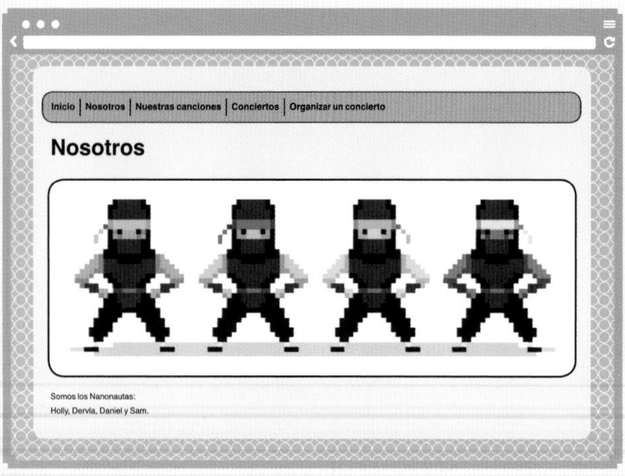

... a esto

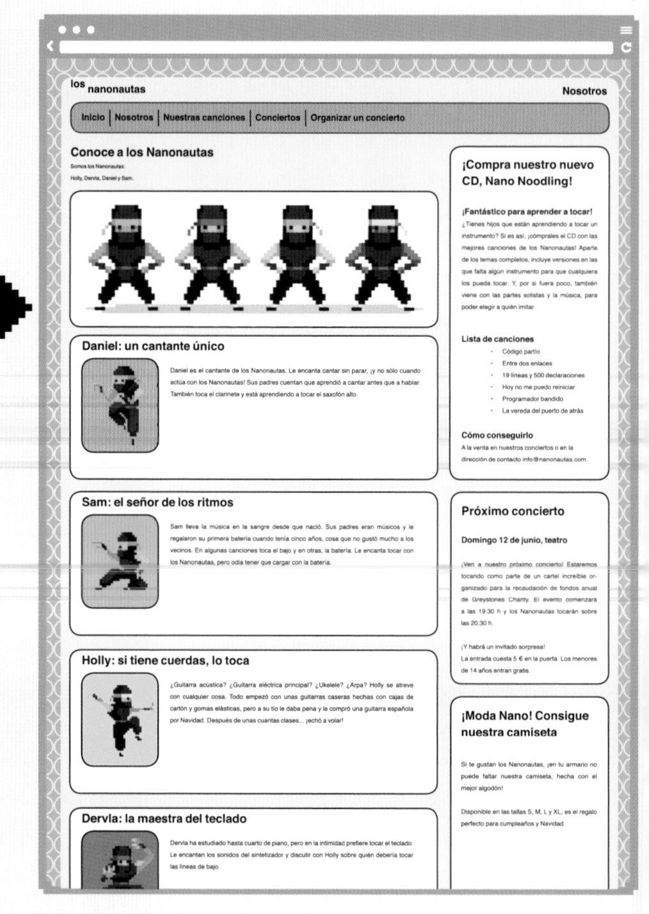

Esto es todo lo que quieren hacer los Nanonautas:

1. Añadir un elemento **header** con el nombre de la banda y el título de la página.
2. Añadir un elemento **section** llamado Conoce a los Nanonautas, con una pequeña descripción de cada componente (una imagen y algunos datos personales).
3. Incluir anuncios de su CD y de su camiseta.
4. Mostrar los detalles de su próximo concierto.
5. Incluir un elemento **footer** con los derechos de propiedad y una dirección de correo de contacto.

En las páginas que siguen se puede ver el código con los elementos estructurales que hay dentro del cuerpo encerrados entre llaves e indicados con diferentes colores (fíjate en la leyenda de la parte superior de la página 69). También se ha utilizado el sangrado para que la estructura se vea mejor (en breve, más al respecto). Observa que el elemento **body** alberga el elemento **nav** seguido de un único **article** («Nosotros»). El artículo «Conoce a los Nanonautas» está dividido en cuatro **sections** (Daniel: un cantante único; Sam: el señor de los ritmos; Holly: si tiene cuerdas, lo toca, y Dervla: la maestra del teclado).

Observa que no hemos determinado un ancho para las imágenes. En su lugar, hemos asignado un elemento **class** a cada una (pequeña, mediana o grande) y usaremos la hoja de estilo para determinar el ancho.

```
<!DOCTYPE html>
<html>
  <head>
    <title>Nosotros</title>
    <link type="text/css" rel="stylesheet" href="css/hoja-estilo.css"/>
  </head>
  <body>
    <header>
      <p>
        <sup>Los</sup>Nanonautas</p>
      <h1>Nosotros</h1>
      <nav>
        <ul>
          <li>
            <a href="inicio.html">Inicio</a>
          </li>
          <li class="seleccionado">Nosotros</li>
          <li>
            <a href="canciones.html">Nuestras canciones</a>
          </li>
          <li>
            <a href="conciertos.html">Conciertos</a>
          </li>
          <li>
            <a href="organizar-concierto.html">Organizar un concierto</a>
          </li>
        </ul>
      </nav>
    </header>
    <article>
      <h1>Conoce a los Nanonautas</h1>
      <p>Somos los Nanonautas:</p>
      <p>Holly, Dervla, Daniel y Sam.</p>
      <p>
          <img class="grande" src="imagenes/nanonautas-ninjas.png"
alt="Imagen de los Nanonautas"/>
      </p>
      <section>
        <h2>Daniel: un cantante único</h2>
        <p>
          <img class="pequeña" src="imagenes/daniel.png" alt="Imagen de
          Daniel"/>
        </p>
       <p>Daniel es el cantante de los Nanonautas. Le encanta cantar sin
parar, ¡y no sólo cuando actúa con los Nanonautas! Sus padres cuentan que
```

```
aprendió a cantar antes que a hablar.</p>
  <p>También toca el clarinete y está aprendiendo a  tocar el saxofón alto.</p>
       </section>
       <section>
          <h2>Sam: el señor de los ritmos</h2>
          <p>
             <img class="pequeña" src="imagenes/sam.png" alt="Imagen de Sam"/>
          </p>
              <p>Sam lleva la música en la sangre desde que nació. Sus padres
eran músicos y le regalaron su primera batería cuando tenía cinco años, cosa
que no gustó mucho a los vecinos. En algunas canciones toca el bajo y en otras,
la batería. Le encanta tocar con los Nanonautas, pero odia tener que cargar con
la batería.</p>
       </section>
       <section>
          <h2>Holly: si tiene cuerdas, lo toca</h2>
          <p>
             <img class="pequeña" src="imagenes/holly.png" alt="Imagen de Holly"/>
             </p>
                <p>¿Guitarra acústica? ¿Guitarra eléctrica principal? ¿Ukelele?
¿Arpa? Holly se atreve con cualquier cosa. Todo empezó con unas guitarras
caseras hechas con cajas de cartón y gomas elásticas, pero a su tío le daba
pena y le compró una guitarra española por Navidad. Después de unas cuantas
clases... ¡echó a volar!</p>
       </section>
       <section>
          <h2>Dervla: la maestra del teclado</h2>
          <p>
                    <img class="pequeña" src="imagenes/dervla.png" alt="Imagen
de Dervla"/>
          </p>
          <p>Dervla ha estudiado hasta cuarto de piano, pero en la intimidad
prefiere tocar el teclado. Le encantan los sonidos del sintetizador y discutir
con Holly sobre quién debería tocar las líneas de bajo.</p>
       </section>
    </article>
    <aside>
       <section>
          <h2>¡Compra nuestro nuevo CD, Nano Noodling!</h2>
          <h3>¡Fantástico para aprender a tocar!</h3>
                    <p>¿Tienes hijos que están aprendiendo a tocar un instrumento?
Si es así, ¡cómprales el CD con las mejores canciones de los Nanonautas! Aparte
de los temas completos, incluye versiones en las que falta algún instrumento para
que cualquiera los pueda tocar. Y, por si fuera poco, también viene con las partes
solistas y la música, para poder elegir a quién imitar.</p>
          <h3>Lista de canciones</h3>
          <ul>
```

```
            <li>Código partío</li>
            <li>Entre dos enlaces</li>
            <li>19 líneas y 500 declaraciones</li>
            <li>Hoy no me puedo reiniciar</li>
            <li>Programador bandido</li>
            <li>La vereda del puerto de atrás</li>
         </ul>
         <h3>Cómo conseguirlo</h3>
            <p>A la venta en nuestros conciertos o en la dirección de contacto
info@nanonautas.com.</a>
         </p>
      </section>
      <section>
         <h2>Próximo concierto</h2>
         <h3>Domingo 12 de junio, teatro</h3>
              <p>¡Ven a nuestro próximo concierto! Estaremos tocando como
parte de un cartel increíble organizado para la recaudación de fondos anual de
Greystones Charity. El evento comenzará a las 19:30 h y los Nanonautas tocarán
sobre las 20:30 h.</p>
         <p>¡Y habrá un invitado sorpresa!</p>
        <p>La entrada cuesta 5 € en la puerta. Los menores de 14 años entran gratis.</p>
      </section>
      <section>
         <h2>¡Moda Nano! Consigue nuestra camiseta</h2>
         <p>Si te gustan los Nanonautas, ¡en tu armario no puede faltar nuestra
camiseta, hecha con el mejor algodón!</p>
               <p>Disponible en las tallas S, M, L y XL, es el regalo perfecto
para cumpleaños y Navidad.</p>
         <p>
                    <img class="mediana" src="imagenes/camiseta.png" alt="Imagen
de la camiseta"/>
         </p>
         <p> A la venta en nuestros conciertos o en la dirección de contacto <a
href="mailto:info@nanonautas.com">info@nanonautas.com</a>
         </p>
      </section>
   </aside>
   <footer>
      <p class="derechos">Contenido propiedad de los Nanonautas©</p>
       <p class="contacto">Contacto: <a href="mailto:info@nanonautas.com">info@
nanonautas.com</a>
      </p>
   </footer>
  </body>
</html>
```

body | header | nav | article | section | aside | footer

ESTRUCTURA Y SANGRÍAS

Cada página de HTML tiene elementos diferentes: algunas tienen un montón de títulos y párrafos; otras tienen un montón de imágenes o tablas… La forma en que se disponen todos esos elementos recibe siempre el mismo nombre: *estructura de la página*. Para apreciar dicha estructura es común desplazar hacia el interior los elementos del margen izquierdo. Un elemento que está dentro de otro se desplaza más allá del elemento que lo alberga; esto se conoce como *sangrado*. La mayoría de los editores de HTML muestran el código sangrado. Abajo se pueden ver dos páginas: una está sangrada y la otra no. El sangrado no afecta a la apariencia de la página en el navegador; simplemente facilita la comprensión de su estructura.

SIN SANGRADO

```
<body>
<h1>Nosotros</h1>
<p>Somos los Nanonautas:</p>
<p>Holly, Dervla, Daniel y
Sam.</p>
</body>
```

```
<body>
<h1>Nuestras canciones</h1>
<p>Ésta es una lista de las
canciones que tocamos:</p>
<ul>
<li>Código partío</li>
<li>Entre dos enlaces</li>
<li>19 líneas y 500
declaraciones</li>
<li>Hoy no me puedo reiniciar</li>
<li>Programador bandido</li>
<li>La vereda del puerto de
atrás</li>
</ul>
```

CON SANGRADO

```
<body>
      <h1>Nosotros</h1>
      <p>Somos los Nanonautas:</p>
      <p>Holly, Dervla, Daniel y
      Sam.</p>
</body>
```

```
<body>
      <h1>Nuestras canciones</h1>
      <p>Ésta es una lista de las canciones
que tocamos:</p>
      <ul>
          <li>Código partío</li>
          <li>Entre dos enlaces</li>
          <li>19 líneas y 500 declaraciones</li>
          <li>Hoy no me puedo reiniciar</li>
          <li>Programador bandido</li>
          <li>La vereda del puerto de atrás
          </li>
      </ul>
</body>
```

Observa que las diferentes etiquetas están anidadas en otras.

Se puede representar la misma información sustituyendo los elementos por cajas. Si un elemento está anidado en otro, entonces las cajas también lo estarán. Incluso se puede hacer que la estructura se aprecie aún mejor coloreando cada elemento de un color diferente, como se ve en el siguiente diagrama:

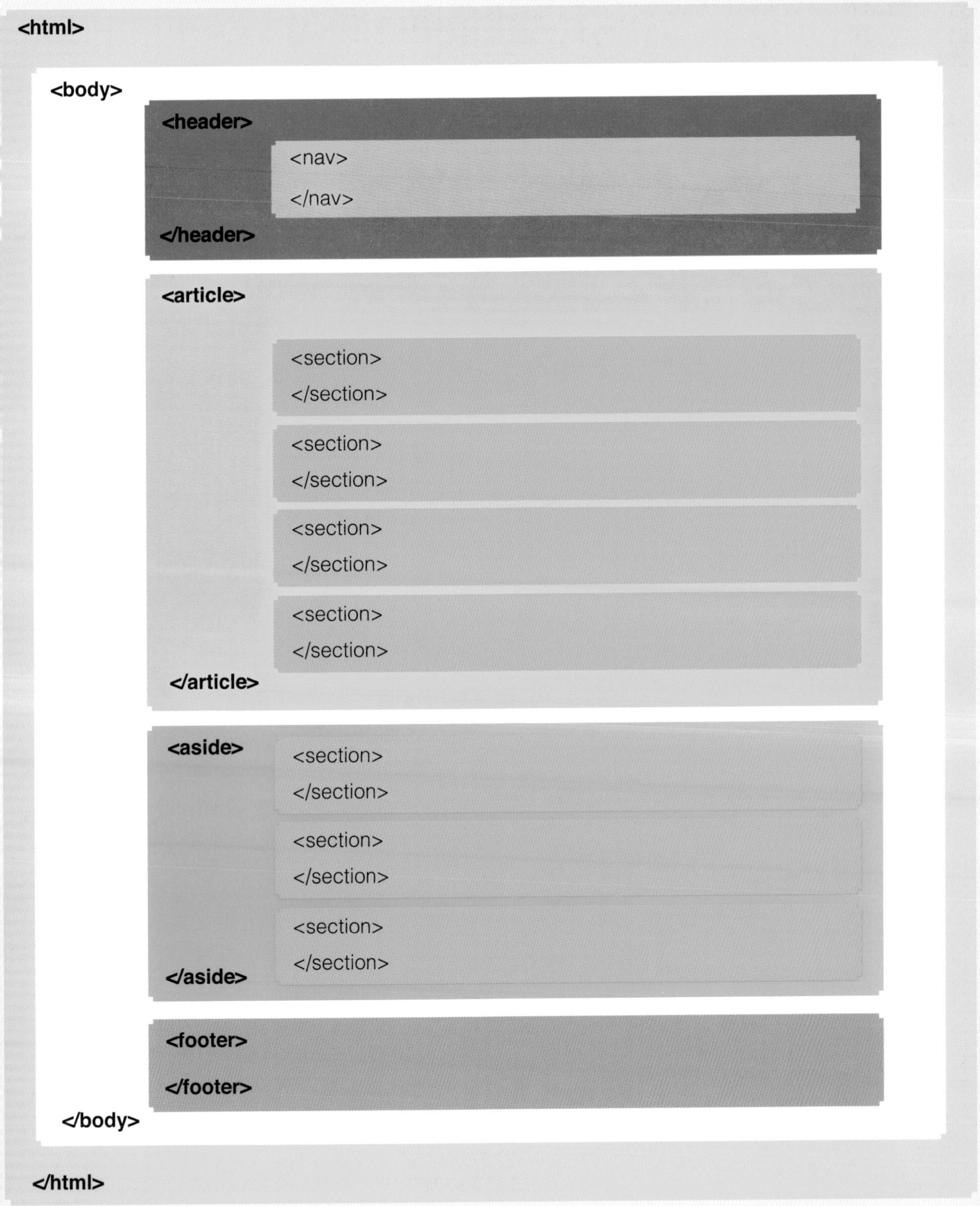

<html>

<body>

<header>

<nav>

</nav>

</header>

<article>

<section>

</section>

<section>

</section>

<section>

</section>

<section>

</section>

</article>

<aside>

<section>

</section>

<section>

</section>

<section>

</section>

</aside>

<footer>

</footer>

</body>

</html>

Usaremos esta estructura en el siguiente capítulo, donde veremos cómo utilizar CSS para convertir estos bloques imaginarios en bloques visibles en la página «Nosotros», ¡y luego les daremos formato para conseguir una página fantástica!

ADAPTABILIDAD

Los sitios web **adaptables** funcionan en todo tipo de dispositivos (ordenadores de sobremesa, portátiles, tabletas y teléfonos móviles) gracias a que cambian el tamaño y la posición de los elementos de una página web para adaptarse a la pantalla de un dispositivo determinado. El siguiente diagrama muestra el aspecto que tendría la página «Nosotros» en función del dispositivo utilizado.

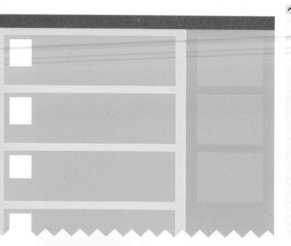

Gracias a estos ejemplos sabemos que:

- Las pantallas de móviles y tabletas sólo pueden apilar los elementos uno encima del otro.
- Los ordenadores de sobremesa cuentan con un ancho mayor: el elemento **`aside`** (que contiene los anuncios) se puede poner a la derecha, en una columna.

Para encontrar la mejor forma de diseñar una página podemos usar un enfoque centrado en el móvil (**`mobile-first approach`**). Se trata de un método muy común para diseñar sitios web: primero se crea un diseño que funcione bien en los dispositivos móviles más pequeños, como un teléfono, y luego se añaden otros elementos, que ocuparían la pantalla disponible en los dispositivos más grandes.

Vamos a utilizar este enfoque para dar formato a la página «Nosotros» que ya hemos hecho. Para mostrar cómo funciona, vamos a seguir los siguientes pasos:

1. Añadir colores de fondo a los elementos estructurales, de forma que podamos ver de un vistazo el efecto de los cambios en la CSS.

2. Dar formato a los elementos estructurales para que se vean bonitos y sean legibles en teléfonos móviles y otros dispositivos.

3. Añadir otros elementos que hagan uso del espacio disponible en dispositivos más grandes.

Nuestro punto de partida es la hoja de estilo que sigue. Puedes crearla desde cero o descargarla en http://nanotips.es/ejemplohojaestilo. También puedes descargar todo el código de la página «Nosotros» si no quieres empezar desde cero. En esta hoja de estilo, los elementos estructurales aparecen destacados con diferentes colores, lo que hará que sea más fácil ver el efecto tras aplicar reglas nuevas en la CSS.

```
/* aspectos técnicos: establecer tamaño
con método border-box */

html {
box-sizing: border-box;
}

*, *:before, *:after {
box-sizing: inherit;
}

/* dar formato a los elementos estructurales */
html {
background-color: Gray;
}

body {
background-color: White;
}

header {
background-color: #F45556;
}

nav {
background-color: #FCAB68;
}

article {
background-color: #FFD239;
}

section {
background-color: #88BB75;
}

aside {
background-color: #1EADDF;
}

footer {
background-color: #BA99C0;
}
```

CONSEJO

Puedes dejar **comentarios** en el código para que quien lo lea sepa qué hace cada parte. (¡También son útiles recordatorios para ti!)

En CSS, los comentarios empiezan con **/*** y terminan con ***/**.

Cuando añadas este esqueleto de estilos básico verás los distintos elementos estructurales destacados con un color (los mismos utilizados en el diagrama de la página 73).

En lo que queda de capítulo, aplicaremos las reglas de una en una, como anteriormente, para poder apreciar el efecto de cada cambio. Vamos a empezar con la hoja de estilo que muestra los elementos apilados, y el resultado será una hoja de estilo donde la disposición de los elementos cambiará dependiendo del ancho de la ventana del navegador.

Daniel es el cantante de los Nanonautas. Le encanta cantar sin parar, ¡y no sólo cuando actúa con los Nanonautas! Sus padres cuentan que aprendió a cantar antes que a hablar. También toca el clarinete y está aprendiendo a tocar el saxofón alto.
Sam: el señor de los ritmos

Sam lleva la música en la sangre desde que nació. Sus padres eran músicos y le regalaron su primera batería cuando tenía cinco años, cosa que no gustó mucho a los vecinos. En algunas canciones toca el bajo y en otras, la batería. Le encanta tocar con los Nanonautas, pero odia tener que cargar con la batería.

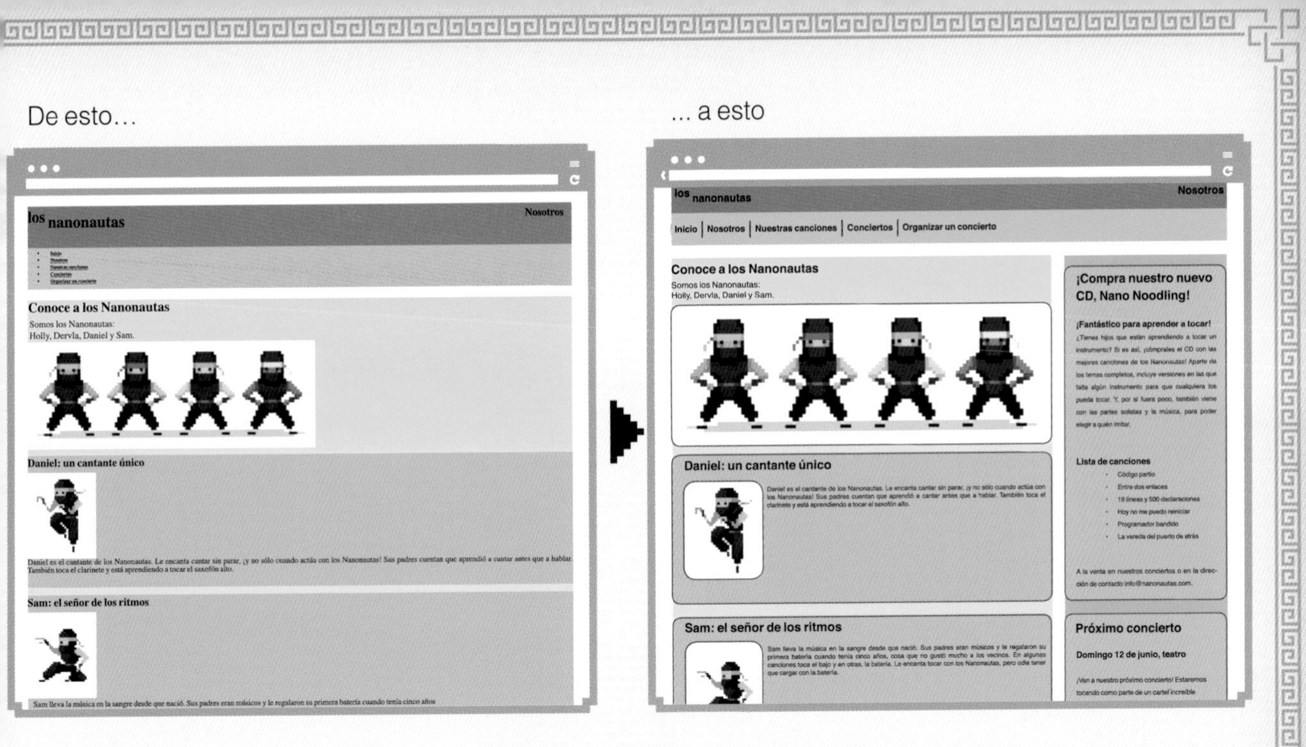
De esto…
… a esto
los nanonautas
Nosotros
Conoce a los Nanonautas
Somos los Nanonautas:
Holly, Dervla, Daniel y Sam.
Daniel: un cantante único
Sam: el señor de los ritmos
Inicio | Nosotros | Nuestras canciones | Conciertos | Organizar un concierto
¡Compra nuestro nuevo CD, Nano Noodling!
¡Fantástico para aprender a tocar!
Lista de canciones
Próximo concierto
Domingo 12 de junio, teatro

1. Hay que empezar por establecer las dimensiones básicas y la apariencia del elemento body.

- Establecemos un ancho máximo de **1024 píxeles**.
- Establecemos un ancho mínimo de **256 píxeles**. Si la ventana se hace más pequeña, aparecerá una barra de desplazamiento horizontal en la parte inferior de la página.
- Establecemos las propiedades **margin-left** y **margin-right** en auto. Esto hace que el cuerpo esté en el centro de la ventana del navegador.
- Por último, establecemos el tipo de fuente y el color del texto.

```
body {
background-color:White;
color:#111111;
font-family:sans-serif;
margin-left: auto;
margin-right: auto;
max-width: 1024px;
min-width: 256px;
}
```

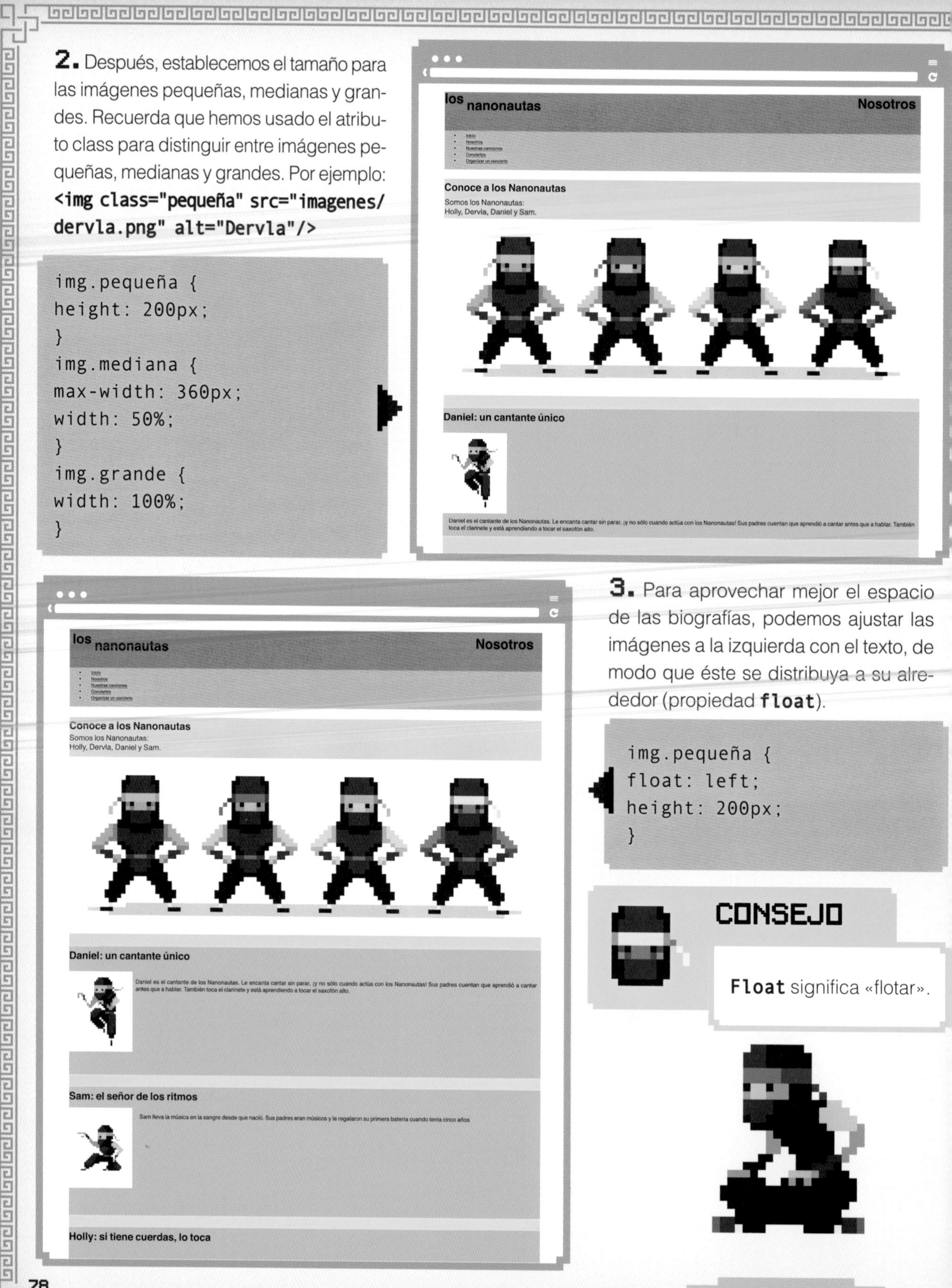

2. Después, establecemos el tamaño para las imágenes pequeñas, medianas y grandes. Recuerda que hemos usado el atributo class para distinguir entre imágenes pequeñas, medianas y grandes. Por ejemplo: **<img class="pequeña" src="imagenes/dervla.png" alt="Dervla"/>**

```
img.pequeña {
height: 200px;
}
img.mediana {
max-width: 360px;
width: 50%;
}
img.grande {
width: 100%;
}
```

3. Para aprovechar mejor el espacio de las biografías, podemos ajustar las imágenes a la izquierda con el texto, de modo que éste se distribuya a su alrededor (propiedad **float**).

```
img.pequeña {
float: left;
height: 200px;
}
```

CONSEJO

Float significa «flotar».

4. ¿No ves todo un poco apretujado? Quedaría mejor si hubiera algo de espacio. Para lograrlo, hay que añadir un margen y algo de relleno a la izquierda y a la derecha de los elementos body y section, así como de las imágenes pequeñas. Añade estas reglas de una en una y actualiza para ver el resultado.

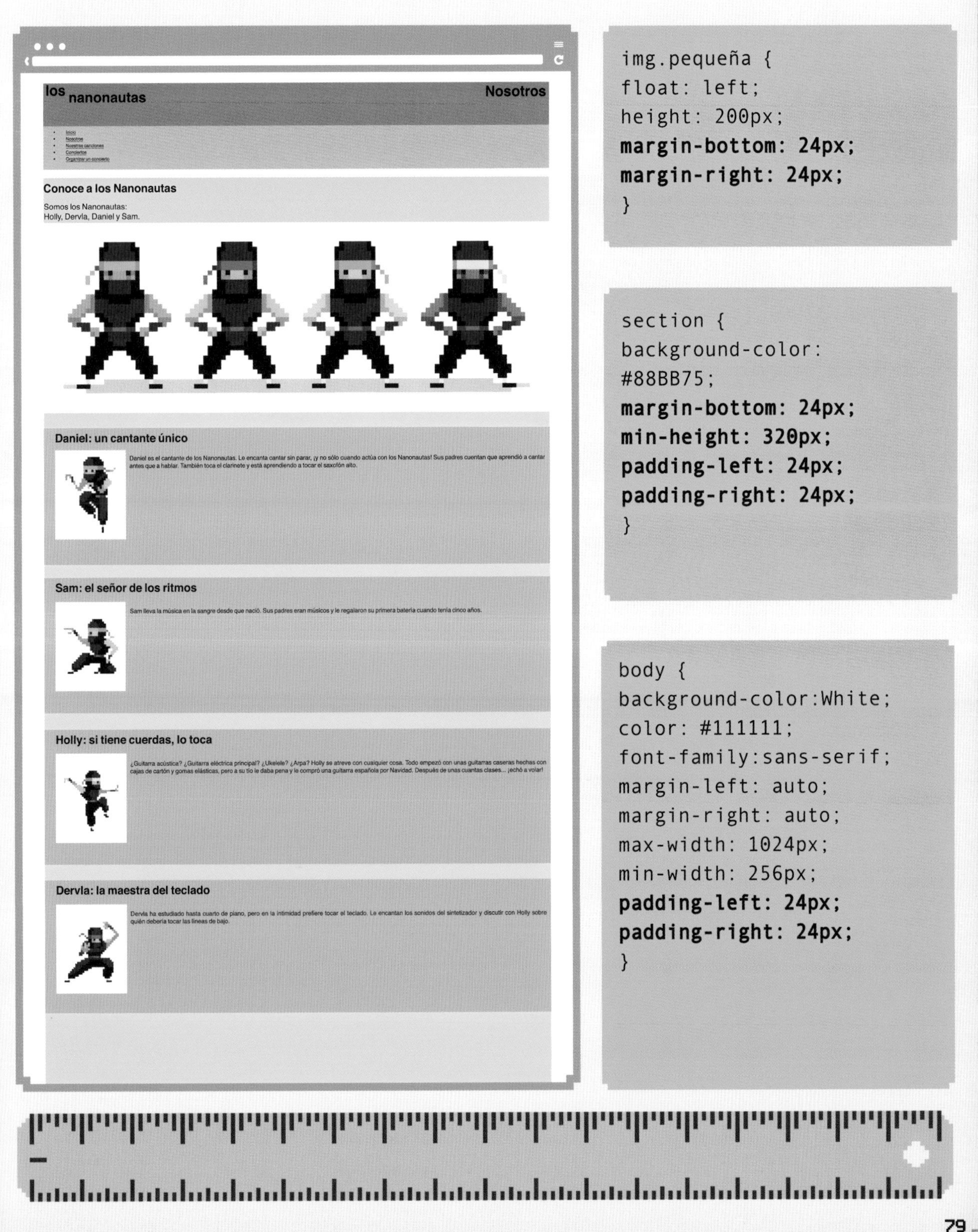
los nanonautas
Nosotros
Conoce a los Nanonautas
Somos los Nanonautas:
Holly, Dervla, Daniel y Sam.
Daniel: un cantante único
Sam: el señor de los ritmos
Holly: si tiene cuerdas, lo toca
Dervla: la maestra del teclado

```
img.pequeña {
float: left;
height: 200px;
margin-bottom: 24px;
margin-right: 24px;
}
```

```
section {
background-color:
#88BB75;
margin-bottom: 24px;
min-height: 320px;
padding-left: 24px;
padding-right: 24px;
}
```

```
body {
background-color:White;
color: #111111;
font-family:sans-serif;
margin-left: auto;
margin-right: auto;
max-width: 1024px;
min-width: 256px;
padding-left: 24px;
padding-right: 24px;
}
```

5. Ya le dimos formato al menú antes, así que podemos simplemente usar esos estilos en la hoja de estilo actual para conseguir un menú chulo. Añade estas reglas de una en una y actualiza para ver el resultado.

```
nav ul {
list-style-type: none;
border: 4px solid #111111;
border-radius: 10px;
font-family: sans-serif;
font-weight: bold;
padding: 16px;
}
nav ul li {
display: inline;
border-right: 2px solid
#111111;
padding-right: 8px;
padding-left: 8px;
}
nav ul li:last-child {
border-right: none;
}
nav ul li a {
text-decoration:none;
color:#111111;
}
nav li.selected {
color: #606060;
}
nav ul li a:hover {
text-decoration: underline;
}
```

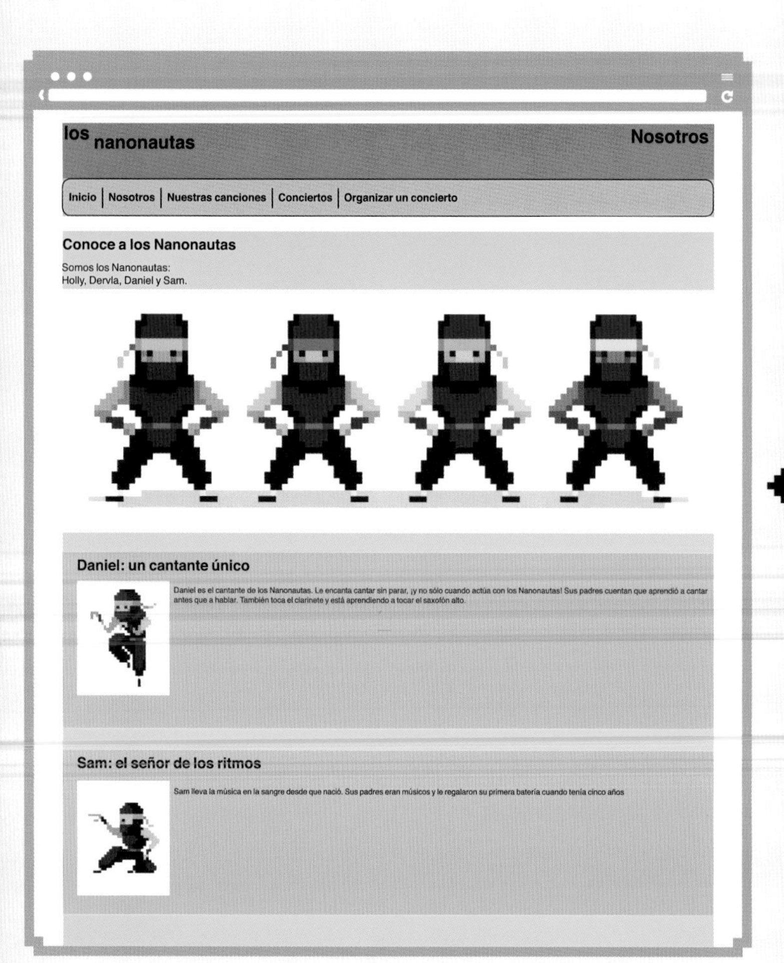
los nanonautas
Nosotros
Inicio | Nosotros | Nuestras canciones | Conciertos | Organizar un concierto
Conoce a los Nanonautas
Somos los Nanonautas:
Holly, Dervla, Daniel y Sam.
Daniel: un cantante único
Sam: el señor de los ritmos

6. Después podemos ajustar la cabecera (el elemento que hay en la parte superior de la página) y el pie (en la parte inferior) combinando las reglas **`float: left`** y **`text-align: right`**. De nuevo, añade estas reglas de una en una y actualiza para ver el resultado y cómo quedan en el conjunto. Observa que estamos utilizando selectores contextuales para identificar todos los elementos:

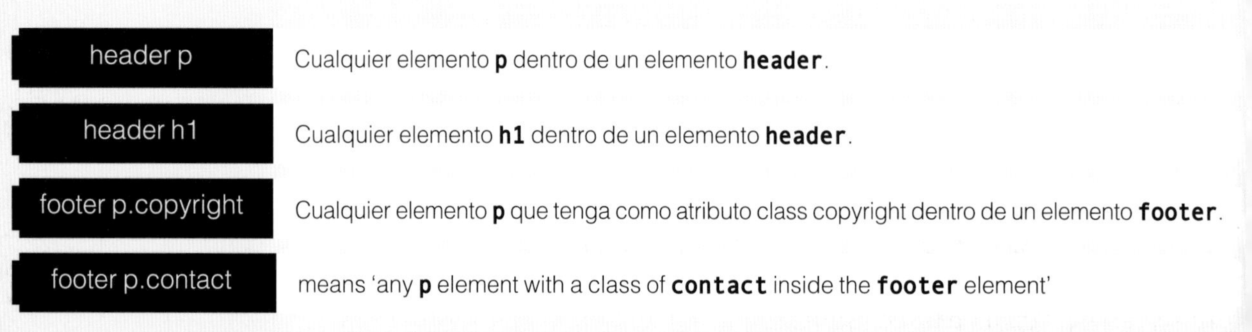

header p	Cualquier elemento **p** dentro de un elemento **header**.
header h1	Cualquier elemento **h1** dentro de un elemento **header**.
footer p.copyright	Cualquier elemento **p** que tenga como atributo class copyright dentro de un elemento **footer**.
footer p.contact	means 'any **p** element with a class of **contact** inside the **footer** element'

```
header p {
float: left;
font-size: 16px;
font-weight: bold;
margin-top: 0px;
}

header h1 {
font-size: 16px;
text-align: right;
}

footer p.copyright {
float: left;
margin-top: 0px;
}

footer p.contact {
text-align: right;
}
```

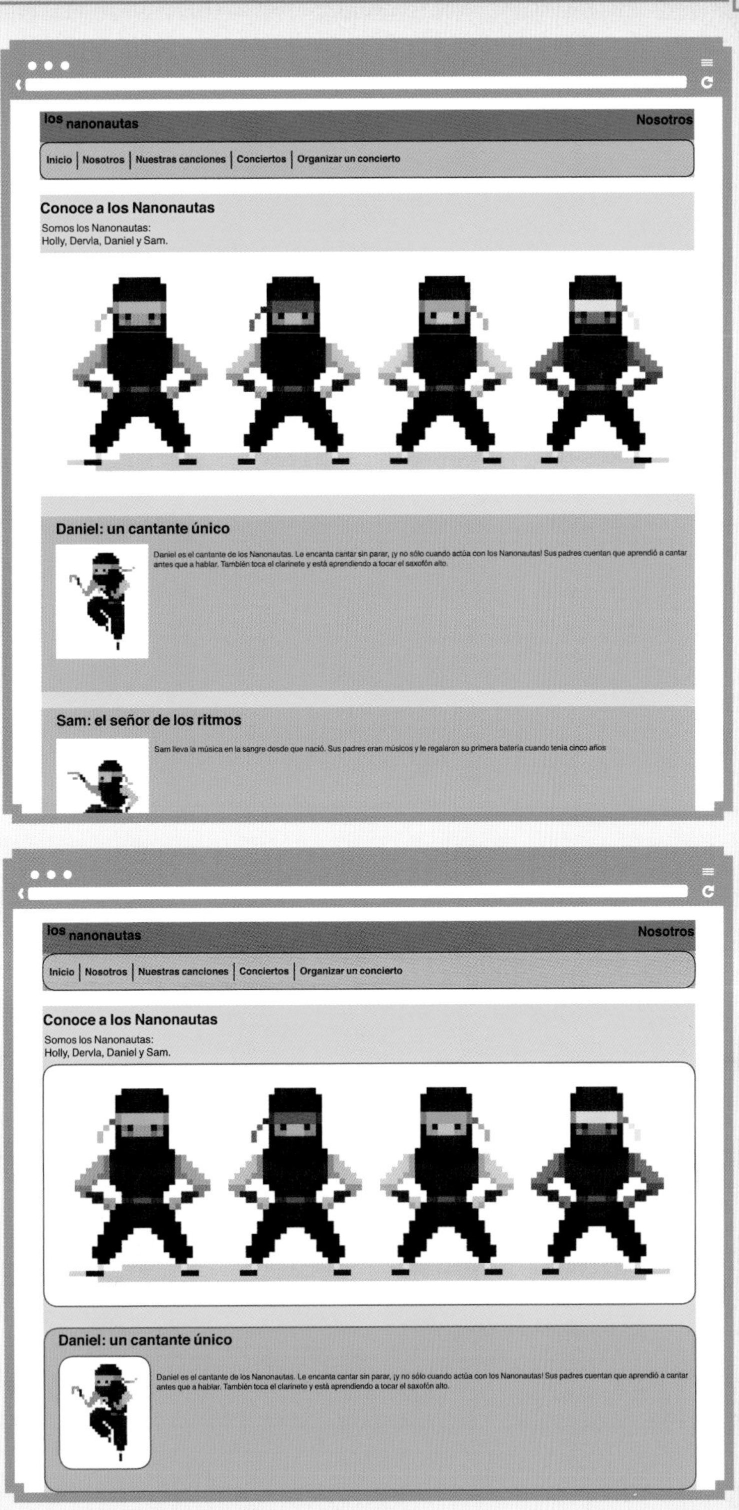

los nanonautas
Nosotros
Inicio | Nosotros | Nuestras canciones | Conciertos | Organizar un concierto
Conoce a los Nanonautas
Somos los Nanonautas:
Holly, Dervla, Daniel y Sam.
Daniel: un cantante único
Daniel es el cantante de los Nanonautas. Le encanta cantar sin parar, ¡y no sólo cuando actúa con los Nanonautas! Sus padres cuentan que aprendió a cantar antes que a hablar. También toca el clarinete y está aprendiendo a tocar el saxofón alto.
Sam: el señor de los ritmos
Sam lleva la música en la sangre desde que nació. Sus padres eran músicos y le regalaron su primera batería cuando tenía cinco años
los nanonautas
Nosotros
Inicio | Nosotros | Nuestras canciones | Conciertos | Organizar un concierto
Conoce a los Nanonautas
Somos los Nanonautas:
Holly, Dervla, Daniel y Sam.
Daniel: un cantante único
Daniel es el cantante de los Nanonautas. Le encanta cantar sin parar, ¡y no sólo cuando actúa con los Nanonautas! Sus padres cuentan que aprendió a cantar antes que a hablar. También toca el clarinete y está aprendiendo a tocar el saxofón alto.

7. Ahora queremos redondear los bordes de los elementos body, section e img. Para ello creamos una única regla que se aplique a todos los elementos a la vez. Algo así:

```
body, section, img {
border: 2px solid Gray;
border-radius: 16px;
}
```

¡Ojo! Los nombres de los elementos están separados por comas. Si las quitas, las reglas se aplicarán a otros elementos completamente diferentes:

body, section, img	Aplicar esta regla a los elementos **body**, **section** e **img**.
body section img	Aplicar esta regla a los elementos **img** incluidos en elementos **section** que, a su vez, estén dentro de elementos **body**.

8. Ahora, la parte realmente interesante. En este momento, todos los elementos estructurales están colocados uno encima del otro, algo así como una escalera de elementos. Intenta cambiar el tamaño de la ventana del navegador para ver qué pasa. Básicamente, las líneas se alargan hasta alcanzar un máximo de 1024 píxeles de ancho y, después, los márgenes derecho e izquierdo ocupan toda la ventana. Pero, si tuviéramos espacio suficiente, podríamos colocar el elemento **`aside`** a la derecha del elemento **`article`**.

Para eso necesitamos una regla CSS que diga «cuando la pantalla supere determinada anchura, mostrar los elementos **`article`** y **`aside`** uno al lado del otro». Esto se hace con una regla especial: la consulta de medios (**`media query`**). En nuestro caso, sería así:

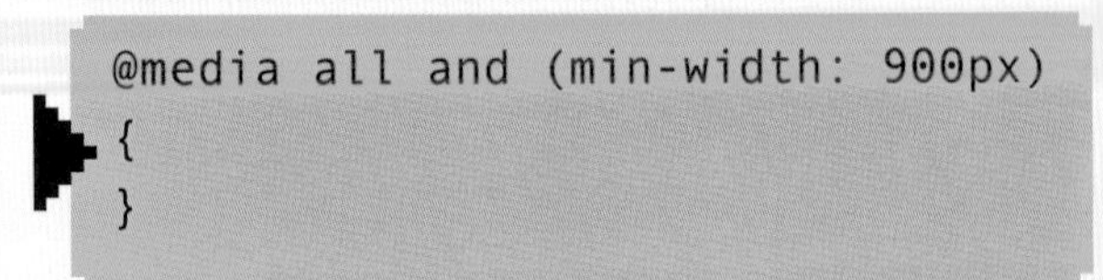

```
@media all and (min-width: 900px)
{
}
```

Comienza con una declaración que indica cuándo aplicar la consulta: **`@media all and (min-width: 900px)`**. Veamos este ejemplo desglosado:

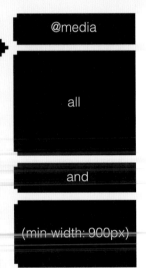

¡Una consulta de medios!

Se refiere tanto a la pantalla como a páginas impresas (se puede hablar de *impresión*, si se refiere sólo a las versiones impresas de la página, o de *pantalla*, si se refiere sólo a las versiones en pantalla).

Vincula ambas cosas.

Esta consulta sólo funcionará si la ventana del navegador supera los 900 píxeles de ancho.

Observa que estas tres reglas van dentro de las llaves de la consulta de medios. Por eso hay dos llaves al final de la última regla.

```
@media all and (min-width: 900px)
{
article {
float: left;
width: 66%;
}
aside {
float: left;
padding-left: 24px;
width: 34%;
}
footer {
clear: both;
}
}
```

Estas reglas utilizan la propiedad **`float`** para colocar los elementos **`article`** y **`aside`** uno al lado del otro. Al aplicar dicha propiedad a los dos elementos y fijar el ancho combinado de ambos en 100 % (**`article`**, 66 %; **`aside`**, 34 %), conseguimos que aparezcan uno al lado del otro cuando la ventana alcanza los 900 píxeles de ancho. Hay que añadir algo de relleno a la izquierda de la barra lateral para que los bordes no se solapen si esto ocurre.

Por último, añadimos una regla **`clear:both`** al elemento **`footer`**. Con esto terminamos los elementos flotantes y nos aseguramos de que el pie de página aparezca donde debe. Si no se añade esta norma, el pie de página se irá hacia la derecha, ¡y eso no es lo que queremos!

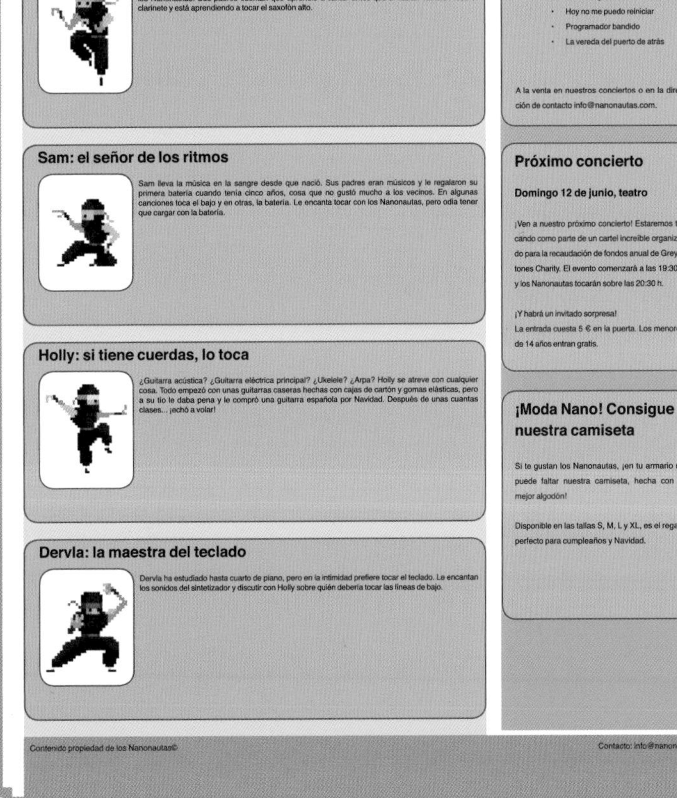

¡EL RESULTADO!

Puedes cambiar fácilmente la posición de los elementos **article** y **aside** para que éste aparezca a la izquierda. Para ello, sólo tienes que intercambiar **left** por **right** en la consulta, así:

```
@media all and (min-width:
900px) {
article {
float: right;
width: 66%;
}
aside {
float: right;
padding-right: 24px;
width: 34%;
}
footer {
clear: both;
}
}
```

QUÉ HACER DESPUÉS

Prueba cambiar la fuente por una más pequeña cuando el ancho sea inferior a 480px.

9. ¡La página está casi lista! Pero antes hay que cambiar los colores de fondo de los elementos estructurales por los buenos y añadir un fondo de página bonito en el elemento **html**. Hay que eliminar las reglas de color de los elementos **header**, **aside** y **footer** para que sean del mismo color que el elemento **body**. La hoja de estilo definitiva debería de tener este aspecto:

```
/* establecer tamaño con método border-box */
html {
box-sizing: border-box;
}
*, *:before, *:after {
box-sizing: inherit;
}
/* establecer ancho máximo y mínimo para el cuerpo y centrar en la ventana */
body {
background-color: Thistle;
font-family: sans-serif;
margin-left: auto;
margin-right: auto;
max-width: 1024px;
min-width: 256px;
padding-top: 8px;
padding-bottom: 24px;
padding-left: 24px;
padding-right: 24px;
}
/* añadir un fondo bonito */
html {
background: radial-gradient(circle, SkyBlue, SkyBlue 50%, LightCyan 50%, SkyBlue);
background-size: 8px 8px;
}
/* cabecera */
header{
}
header p {
float: left;
font-size: 16px;
font-weight: bold;
margin-top: 0px;
}
header h1 {
font-size: 16px;
text-align: right;
}
/* menú */
nav ul {
list-style-type: none;
background-color: #B577B5;
```

```
border: 2px solid Black;
border-radius: 10px;
font-family: sans-serif;
font-weight: bold;
padding: 16px;
}
nav ul li {
display: inline;
border-right: 2px solid #111111;
padding-right: 8px;
padding-left: 8px;
}
nav ul li:last-child {
border-right: none;
}
nav ul li a {
text-decoration: none;
color: #111111;
}
nav li.seleccionado {
color: #606060;
}
nav ul li a:hover {
text-decoration: underline;
}
/* biografías */
section {
background-color: #FFFFFF;
margin-bottom: 24px;
min-height: 320px;
padding-left: 24px;
padding-right: 24px;
}
/* barra lateral */
aside {
}
/* pie */
footer {
}
footer p.derechos {
float: left;
margin-top: 0px;
}
footer p.contacto {
text-align: right;
}
```

```
/* imágenes pequeñas: 200 px máximo de alto */
img.pequeña {
float: left;
height: 200px;
margin-bottom: 24px;
margin-right: 24px;
}
/* imágenes medianas: hasta el 50 % del ancho del elemento continente, 360 px máximo */
img.mediana {
max-width: 360px;
width: 50%;
}
/* imágenes grandes: 100 % del ancho del elemento continente */
img.grande {
width: 100%;
}
/* aplicar el mismo estilo de borde a los elementos que tienen bordes */
body, section, img {
border: 2px solid #B1B1B1;
border-radius: 16px;
}
/* partes específicas de una ventana (56 em aproximadamente) */
@media all and (min-width: 900px) {
article {
float: left;
width: 66%;
}
aside {
float: left;
padding-left: 24px;
width: 34%;
}
footer {
clear: both;
}
}
```

¡EL RESULTADO FINAL!

los nanonautas

Nosotros

Inicio | Nosotros | Nuestras canciones | Conciertos | Organizar un concierto

Conoce a los Nanonautas

Somos los Nanonautas:

Holly, Dervla, Daniel y Sam.

Daniel: un cantante único

Daniel es el cantante de los Nanonautas. Le encanta cantar sin parar, ¡y no sólo cuando actúa con los Nanonautas! Sus padres cuentan que aprendió a cantar antes que a hablar. También toca el clarinete y está aprendiendo a tocar el saxofón alto.

Sam: el señor de los ritmos

Sam lleva la música en la sangre desde que nació. Sus padres eran músicos y le regalaron su primera batería cuando tenía cinco años, cosa que no gustó mucho a los vecinos. En algunas canciones toca el bajo y en otras, la batería. Le encanta tocar con los Nanonautas, pero odia tener que cargar con la batería.

Holly: si tiene cuerdas, lo toca

¡Compra nuestro nuevo CD, Nano Noodling!

¡Fantástico para aprender a tocar!

¿Tienes hijos que están aprendiendo a tocar un instrumento? Si es así, ¡cómprales el CD con las mejores canciones de los Nanonautas! Aparte de los temas completos, incluye versiones en las que falta algún instrumento para que cualquiera los pueda tocar. Y, por si fuera poco, también viene con las partes solistas y la música, para poder elegir a quién imitar.

Lista de canciones

- Código partío
- Entre dos enlaces
- 19 líneas y 500 declaraciones
- Hoy no me puedo reiniciar
- Programador bandido
- La vereda del puerto de atrás

Cómo conseguirlo

A la venta en nuestros conciertos o en la dirección de contacto info@nanonautas.com.

Próximo concierto

Domingo 12 de junio, teatro

¡Ven a nuestro próximo concierto! Estaremos tocando como parte de un cartel increíble organizado para la recaudación de fondos anual de Greystones Charity. El evento comenzará a las 19:30 h y los Nanonautas tocarán sobre las 20:30 h.

¡Y habrá un invitado sorpresa!

La entrada cuesta 5 € en la puerta. Los menores de 14 años entran gratis.

FUENTES

Una de las mejores formas de darle un aspecto diferente a una página es cambiar la fuente. Una fuente es un tipo de texto determinado, y su elección puede influir mucho en la apariencia de una página.

Si quieres un tipo de letra determinado, deberías elegir una **fuente web**. Se trata de un tipo especial de fuente que se descarga junto con la hoja de estilo. Usar una fuente web te da más control que usar una genérica, como una **`sans-serif`** (sin serifa) o una **`monospace`** (monoespaciada).

Por ejemplo, si eliges una fuente monoespaciada, ésta se verá de forma diferente en Firefox y en Chrome. Sin embargo, las fuentes web deberían verse igual en cualquier navegador actual.

CONSEJO

Debes estar conectado para que las fuentes web funcionen. Si tienes tu página abierta pero estás sin conexión, no podrás ver las fuentes web.

La forma más fácil de usar una fuente web es elegir una de Google Fonts en https://www.google.com/fonts, donde encontrarás una larga lista de fuentes entre las que elegir, ¡y mucho más interesantes que las que vienen por defecto!

Preview Text: **Grumpy Wizards make toxic brew for the** Size: **12px** Sorting: **Popularity**

Normal 400

GRUMPY WIZARDS MAKE TOXIC BREW FOR THE EVIL QUEEN AND JACK.

Normal 400

Grumpy Wizards make toxic brew for the evil Queen and Jack.

Normal 400

Grumpy Wizards make toxic brew for the evil Queen and Jack.

Normal 400

GRUMPY WIZARDS MAKE TOXIC BREW FOR THE EVIL QUEEN AND JACK.

Una vez que des con una fuente que te guste, haz clic en el icono Quick Use.

Entonces se abrirá una ventana. En el paso 1 puedes elegir diferentes estilos, y en el paso 2, los caracteres que vayas a necesitar. En esta página encontrarás la información necesaria para añadir la fuente a tu sitio.

1. Choose the styles you want:

PT Sans Narrow

- [x] Regular — Grumpy Wizards make toxic brew for the evil Queen and Jack.
- [ ] **Bold** — **Grumpy Wizards make toxic brew for the evil Queen and Jack.**

En esta página son muy importantes los pasos 3 y 4. En el paso 3 verás tres pestañas: Standard, @import y JavaScript. Haz clic en @import. El código que aparecerá es el que tendrás que añadir a tu hoja de estilo. Éste es más o menos su aspecto:

Standard | @import | Javascript

3. Add this code to your website:

```
@import url(http://fonts.googleapis.com/css?family=PT+Sans+Narrow);
```

Esta línea importa la fuente y hace que esté disponible para usarse en la hoja de estilo. Hay que añadirla al principio del todo de la hoja de estilo.

En el ejemplo anterior, **`@import`** simplemente hace que una fuente llamada Sans PT esté disponible, pero en realidad no la hemos utilizado en ningún sitio. Para usarla habría que incluirla en alguna regla de la hoja de estilo. ¡Aquí es donde entra en juego el paso 4!

Dicho paso indica cómo debemos hacer referencia a la fuente en la hoja de estilo. Nos ofrece un ejemplo sencillo de una declaración, similar a esta:

```
font-family: 'PT Sans Narrow', sans-serif;
```

```
@import url(http://fonts.googleapis.com/css?family=PT+Sans+Narrow);
body {
/* establecer tamaño con método border-box */
html {
box-sizing: border-box;
}
*, *:before, *:after {
box-sizing: inherit;
}
/* establecer ancho máximo y mínimo para el cuerpo y centrar en la ventana */
body {
font-family: sans-serif;
margin-left: auto;
margin-right: auto;
max-width: 1024px;
min-width: 256px;
padding-top: 8px;
```

SUBIR TU SITIO A INTERNET

En estos momentos tienes entre manos un sitio que sólo se puede ver en tu ordenador. Pero el objetivo de una página web es... pues... ¡que la vea todo el mundo!

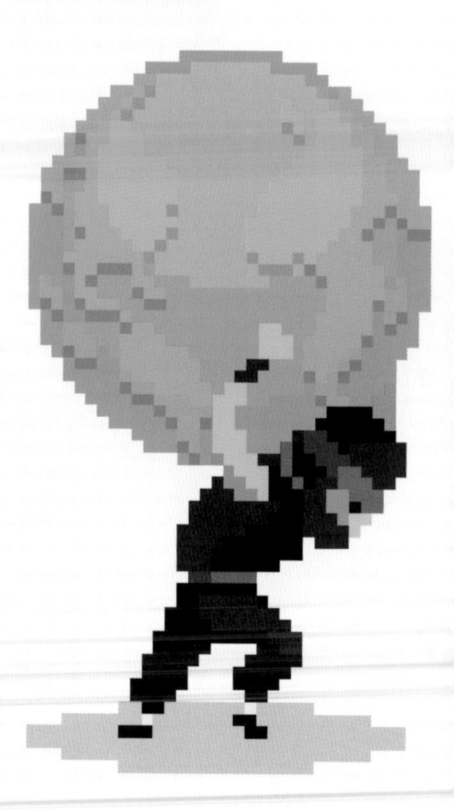

Y para eso hay que hacer dos cosas:

- Registrar un **dominio** (por ejemplo, www.nanonautas.com).
- Copiar tu sitio en un **servidor web** vinculado a ese dominio.

Así, cuando alguien teclee tu dominio en un navegador web, se le enviará al servidor web, que es simplemente un ordenador conectado a Internet y habilitado para enviar páginas web a cualquier dispositivo informático (teléfono, tableta, ordenador portátil, etcétera) que las solicite.

Aunque suene complicado configurar todo esto, en realidad es bastante fácil, ya que puedes comprar un **paquete de alojamiento** a un proveedor de servicios de Internet (PSI). Estos paquetes te ofrecen alquilar espacio en un servidor web por una pequeña cantidad de dinero mensual. Una vez que tengas tu paquete, sólo tienes que elegir tu dominio y copiarlo en todas tus páginas web, y eso se hace usando un **programa de FTP**.

CÓMO USAR UN PROGRAMA DE FTP

Un FTP (file transfer protocol) es simplemente un programa que te permite copiar archivos entre dos ordenadores que están conectados a Internet. Si copias archivos de tu ordenador en el servidor web, los subes. Pero si los coges del servidor para copiarlos en tu ordenador —normalmente conocido como **equipo local**—, los **descargas**. Seguramente ya estés familiarizado con la descarga, así que, para variar, ¡vamos a subir algunos archivos! ¿Que cómo se hace...?

Una vez que te hayas hecho con tu paquete de alojamiento, tendrás que descargar e instalar un programa de FTP. Un buen programa gratuito es Filezilla, que puedes encontrar en https://filezilla-project.org. A continuación, necesitarás la **dirección IP** de tu servidor web y un nombre de usuario y una contraseña. Esta información normalmente te la facilita el PSI cuando adquieres un paquete de alojamiento. La dirección IP es un número muy largo dividido por puntos en cuatro partes —por ejemplo, **66.175.209.200**—, que permite que el programa de FTP encuentre tu servidor web.

CONSEJO

Las **URL**, como, www.nanonautas.com, hacen lo mismo que las direcciones IP: le dicen al navegador web que descargue archivos del ordenador con esa dirección.

Una vez que tengas toda la información podrás iniciar el programa de FTP y completar los datos del equipo al que quieres conectarte, conocido como *servidor* (*host*). En Filezilla es necesario hacer lo siguiente:

CONSEJO

El nombre del directorio raíz del servidor web puede variar. Éstos son algunos de los más habituales:

- www
- wwwroot
- htdocs
- public_html
- html
- public
- web

1. Selecciona File > Site Manager y haz clic en el botón New Site.
2. En la ventana de la izquierda, escribe el nombre del sitio, por ejemplo, Nanonautas.
3. Introduce la dirección IP del servidor en el campo Host.
4. Si el PSI te ha proporcionado un número de puerto, introdúcelo en el campo Port, aunque por lo general se puede quedar vacío.
5. Cambia el tipo de inicio de sesión de Anonymous a Normal.
6. Introduce el nombre de usuario y la contraseña.
7. Haz clic en Connect. Después de un segundo o dos deberías de ver los detalles del servidor web aparecer en el panel de la derecha. Cuando te conectes al servidor es importante que subas los archivos a la carpeta adecuada: el **directorio raíz del sitio**. En ella deben estar el archivo `inicio.html` y una copia de todos los archivos y carpetas que utilizaste en tu equipo local para crear tu sitio.
8. En el panel izquierdo de Filezilla, localiza los archivos del sitio web en tu copia local.
9. Selecciona todos los archivos y arrástralos hasta el directorio raíz del sitio, en el panel de la derecha.

¡LISTTO!

Abre el navegador web y escribe la dirección de tu sitio. Si todo ha ido bien, ¡por fin podrás verlo! Enhorabuena, ¡tu sitio ya está en Internet! ¡Cuéntaselo a todo el mundo!

¡INSIGNIA CONSEGUIDA!

¡UNIVERSAL!

GLOSARIO

En la creación de nuestras páginas web hemos ido utilizando diferentes elementos HTML, recogidos en la siguiente tabla. ¡Puedes combinarlos como quieras para crear tus páginas!

Elemento	Significado
a	Enlace. Pon la página a la que quieres enlazar en el atributo **href**.
body	La parte de una página web que se ve en el navegador.
em	Sirve para destacar palabras o frases importantes en cursiva.
h1	Título de nivel 1. Suele utilizarse para el título principal.
h2	Título de nivel 2. Se utiliza para dividir una página muy extensa en varias secciones.
h3	Título de nivel 3. Se utiliza para dividir secciones en otras más pequeñas.
head	Contiene información que el navegador utiliza para saber cómo debe presentar el contenido de la página.

Elemento	Significado
html	Todos los componentes de tu página web han de estar dentro de un elemento **html**. Una página sólo puede tener un elemento **html**. Éste siempre contiene un único elemento **head**, seguido de un único elemento **body**.
iframe	Un **iframe** (marco incorporado) te permite insertar contenido de otro sitio (por ejemplo, YouTube o Google Maps) en tu página. Tú indicas dónde encontrar el contenido introduciendo una URL en el atributo src del marco incorporado.
img	Te permite mostrar fotos o imágenes. Conviene asignarles un atributo **class** con un valor (grande, mediana o pequeña) y usar después el CSS para controlar su tamaño. El atributo **src** se utiliza para localizar la imagen.
li	Cada uno de los elementos de una lista. Estos elementos pueden estar incluidos en elementos **ul** u **ol**.
link	Proporciona el enlace a la hoja de estilo CSS utilizada para dar formato a la página web. La ruta de la hoja de estilo va en el atributo **href**.

Elemento	Significado
`meta`	Proporciona al navegador información que éste utiliza para presentar el contenido correctamente.
`ol`	Se utiliza para crear listas numeradas. Todos los elementos han de estar incluidos en un elemento `li`.
`p`	Un párrafo. Probablemente, el elemento más común. Si quieres crear párrafos «especiales» (como consejos o notas), puedes hacerlo usando un atributo `class`.
`strong`	Sirve para destacar palabras o frases importantes en negrita.
`title`	El título de la página mostrado por el navegador en la pestaña de la página.
`ul`	Se utiliza para crear listas y menús con viñetas. Todos los elementos han de estar incluidos en un elemento `li`.

Elemento	Significado
`class`	Cualquier elemento puede tener un atributo `class`. Este atributo te permite identificar elementos con un propósito determinado y darles un formato distinto en tus CSS.
`href`	Se incluye dentro de un elemento a para crear un vínculo. Debes poner la ruta de la página de destino dentro del atributo `href`. También se utiliza dentro del elemento `link` para identificar la ubicación de la hoja de estilo CSS.
`id`	Un identificador único de un elemento en particular. Un valor `id` determinado sólo puede aparecer una vez en una página.
`src`	Se utiliza dentro de un elemento `img` para identificar la procedencia de una imagen. Las imágenes normalmente terminan con la extensión `.jpg` o `.png`.

EPÍLOGO

¡Enhorabuena, ya tienes tu propio sitio web en marcha! Pero la cosa no acaba aquí. Tanto el código como los ordenadores que hacen que funcione están en todas partes: desde ordenadores portátiles, tabletas, teléfonos móviles y consolas hasta motores de automóviles y neveras, ¡incluso en los cepillos de dientes eléctricos!

Pero la revolución informática no sucedió de la noche a la mañana. Fueron necesarios el esfuerzo y el conocimiento de mucha gente que trabajó unida y compartió sus ideas.

Hace mucho tiempo, en Cork (Irlanda), a un señor llamado George Boole se le ocurrió una idea fantástica: en lugar de usar muchos números diferentes para abordar un problema, sólo haría falta utilizar el 0 y el 1.

Más o menos al mismo tiempo, la matemática Ada Lovelace trabajaba codo a codo con un genio de la mecánica, Charles Babbage, que estaba creando una máquina que pudiera hacer cuentas matemáticas de verdad. Ella escribió una serie de comandos que la máquina utilizaría para resolver problemas matemáticos.

En la década de 1930, John Vincent Atanasoff, en un arranque de genialidad, creó el primer ordenador electrónico con base en el trabajo de Boole. Obedecía instrucciones como las que Ada Lovelace utilizó con la máquina de Babbage.

El secreto de esta revolución está en que, para conseguir que un ordenador haga exactamente lo que tú quieres que haga; para conseguir que haga algo totalmente novedoso, lo único que necesitas saber es cómo interactuar con él. Gracias a programadores como Ada Lovelace, podemos hacer fotos de otras galaxias usando telescopios espaciales que funcionan con código; podemos ver un feto en el interior de una mujer usando ultrasonido que funciona con código; podemos hacer realidad en el cine visiones increíbles con animaciones y efectos especiales que funcionan con código.

Ahora tú también conoces el secreto: de ti depende lo que hagas con él. Pero espero que, sea lo que sea, todo el mundo sepa lo mucho que te gusta, ¡y que el resultado sea muy chulo!

— Bill Liao, CoderDojo Foundation